한 권으로

계산

끝

한 권으로 계산 끝 3

지은이 차길영
펴낸이 임상진
펴낸곳 (주)넥서스

초판 1쇄 발행 2019년 7월 5일
초판 2쇄 발행 2019년 7월 12일

2판 1쇄 발행 2020년 8월 05일
2판 2쇄 발행 2020년 8월 10일

출판신고 1992년 4월 3일 제311-2002-2호
10880 경기도 파주시 지목로 5
Tel (02)330-5500 Fax (02)330-5555

ISBN 979-11-6165-674-8 (64410)
979-11-6165-671-7 (SET)

가격은 뒤표지에 있습니다.
잘못 만들어진 책은 구입처에서 바꾸어 드립니다.

www.nexusbook.com
www.nexusEDU.kr/math

• 새 교육과정 반영 •

문제풀이 속도와 정확성을 향상시키는
초등 연산 프로그램

계산력 + 두뇌회전 UP!

한 권으로 계산 끝

수학의 마술사 **차길영** 지음

3

초등수학
2학년 과정

넥서스에듀

혹시 여러분, 이런 학생은 아닌가요?

문제를 풀면 다 맞긴 하는데 시간이 너무 오래 걸려요.

341+726

한 자리 숫자는 자신이 있는데 숫자가 커지면 당황해요.

덧셈과 뺄셈은 어렵지 않은데 곱셈과 나눗셈은 무서워요.

계산할 때 자꾸 손가락을 써요.

문제는 빨리 푸는데 채점하면 비가 내려요.

이제 계산 끝이면, 실수 끝! 오답 끝! 걱정 끝!

왜 〈한 권으로 계산 끝〉으로 시작해야 하나요?

수학의 기본은 계산입니다.

계산력이 약한 학생들은 잦은 실수와 문제풀이 시간 부족으로 수학에 대한 흥미를 잃으며 수학을 점점 멀리하게 되는 것이 현실입니다. 따라서 차근차근 계단을 오르듯 수학의 기본이 되는 계산력부터 길러야 합니다. 이러한 계산력은 매일 규칙적으로 꾸준히 학습하는 것이 중요합니다. '창의성'이나 '사고력 및 논리력'은 수학의 기본인 계산력이 뒷받침이 된 다음에 얘기할 수 있는 것입니다. 우리는 '창의성' 또는 '사고력'을 너무나 동경한 나머지 수학의 기본인 '계산'과 '암기'를 소홀히 생각합니다. 그러나 번뜩이는 문제 해결력이나 아이디어, 창의성은 수없이 반복되어 온 암기 훈련 및 꾸준한 학습을 통해 쌓인 지식에 근거한다는 점을 절대 잊으면 안 됩니다.

수학은 일찍 시작해야 합니다.

초등학교 수학 과정은 기초 계산력을 완성시키는 단계입니다. 특히 저학년 때 연산이 차지하는 비율은 전체의 70~80%나 됩니다. 수학 성적의 차이는 머리가 아니라 수학을 얼마나 일찍 시작하느냐에 달려 있습니다. 머리가 좋은 학생이 수학을 잘 하는 것이 아니라 수학을 열심히 공부하는 학생이 머리가 좋아지는 것이죠. 수학이 싫고 어렵다고 어렸을 때부터 수학을 멀리하게 되면 중학교, 고등학교에 올라가서는 수학을 포기하게 됩니다. 수학은 어느 정도 수준에 오르기까지 많은 시간이 필요한 과목이기 때문에 비교적 여유가 있는 초등학교 때 수학의 기본을 다져놓는 것이 중요합니다.

혹시 수학 성적이 걱정되고 불안하신가요?

그렇다면 수학의 기본이 되는 계산력부터 키워주세요. 하루 10~20분씩 꾸준히 계산력을 키우게 되면 티끌 모아 태산이 되듯 수학의 기초가 튼튼해지고 수학이 재미있어질 것입니다. 어떤 문제든 기초 계산 능력이 뒷받침되어 있지 않으면 해결할 수 없습니다.
〈한 권으로 계산 끝〉 시리즈로 수학의 재미를 키워보세요. 여러분은 모두 '수학 천재'가 될 수 있습니다. 화이팅!

수학의 마술사 **차길영**

구성 및 특징

01 계산 원리 학습

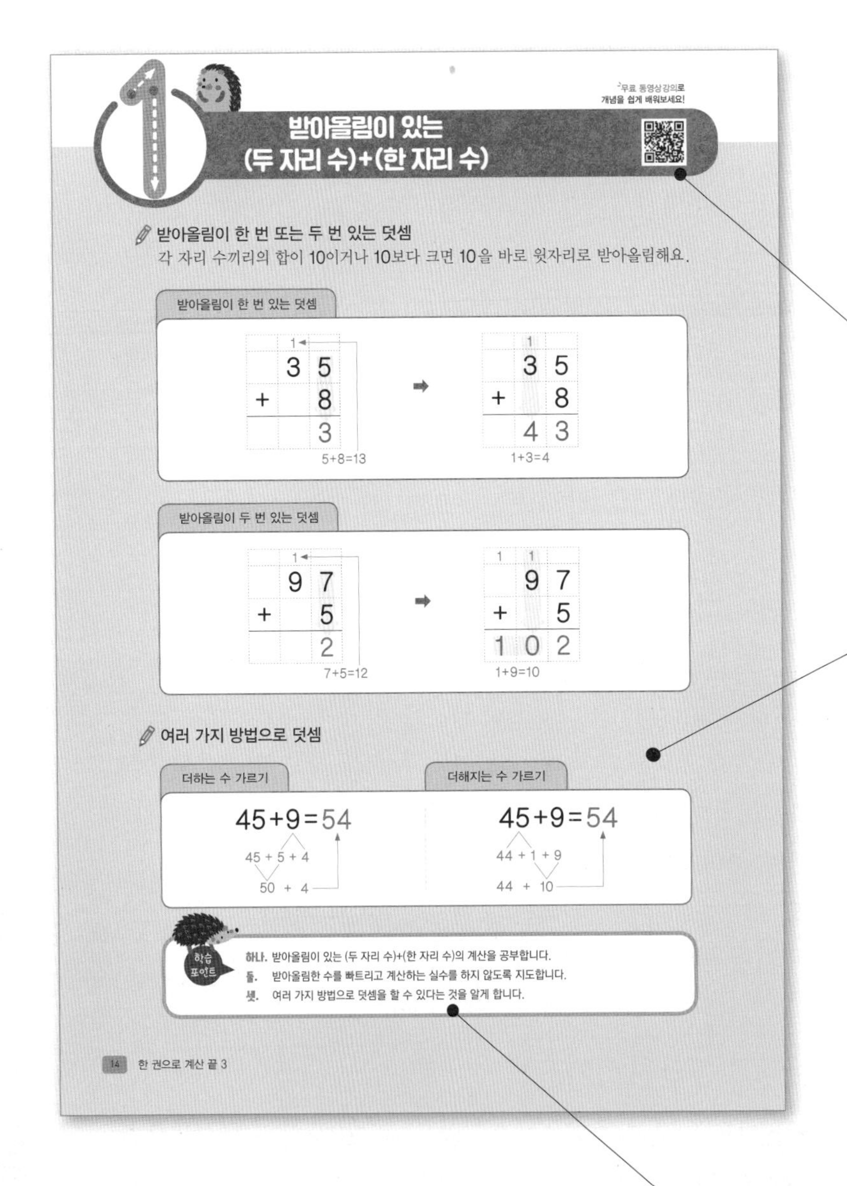

무료 동영상 강의로 계산 원리의 개념을 쉽고 정확하게 이해할 수 있습니다.

QR코드를 스마트폰으로 찍거나 www.nexusEDU.kr/math 접속

초등수학의 새 교육과정에 맞춰 연산 주제의 원리를 이해하고 연산 방법을 이끌어냅니다.

계산 원리의 학습 포인트를 통해 연산의 기초 개념 정리를 한 번에 끝낼 수 있습니다.

02 계산력 학습 및 완성

자신의 진도 목표에 따라 하루에 적당한 분량을 정해 학습합니다.
문제를 풀 때 걸리는 시간을 정확히 측정하고 기록해 보세요.
계산력 향상 Up! Up! Up!

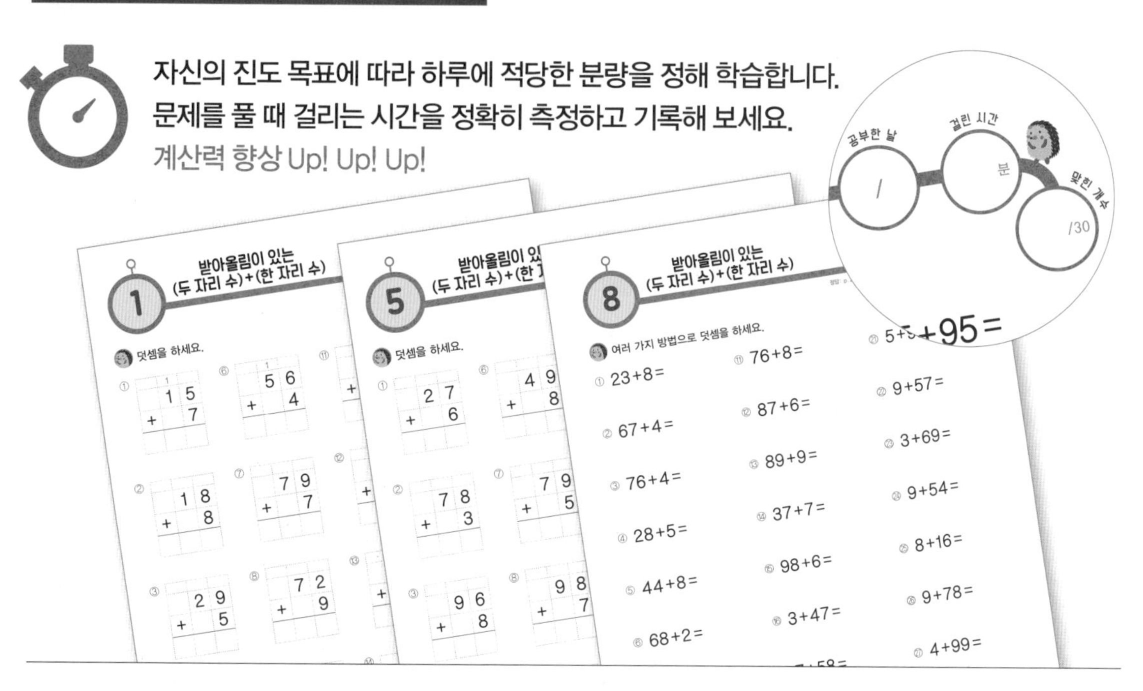

03 실력 체크

교재의 중간과 마지막에 나오는 실력 체크 문제로,
앞서 배운 4개의 강의 내용을 복습하고 다시 한 번
실력을 탄탄하게 점검할 수 있습니다.

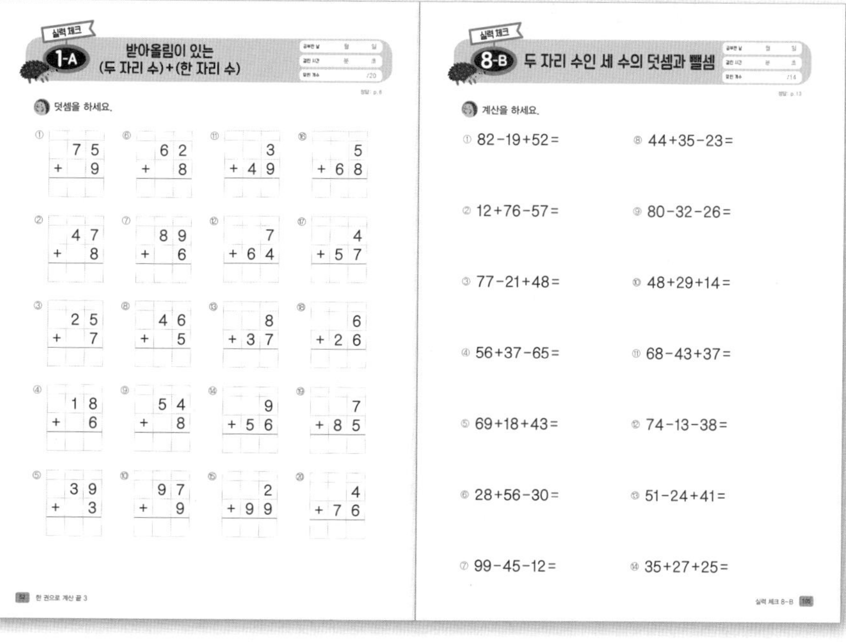

'한 권으로 계산 끝'만의 차별화된 서비스

스마트폰으로 QR코드를 찍으면 이 모든 것이 가능해요!

1 모바일 진단평가

과연 내 연산 실력은 어떤 레벨일까요? 진단평가로 현재 실력을 확인하고 알맞은 레벨을 선택할 수 있어요.

2 무료 동영상 강의

눈에 쏙! 귀에 쏙! 들어오는 개념 설명 강의를 보면, 문제의 답이 쉽게 보인답니다.

3 초시계

자신의 문제풀이 속도를 측정하고 '걸린 시간'을 기록하는 습관은 계산 끝판왕이 되는 필수 요소예요.

4 마무리 평가

온라인에서 제공하는 별도 추가 종합 문제를 통해 학습한 내용을 복습하고 최종 실력을 확인할 수 있어요.

5 추가 문제

각 권마다 추가로 제공되는 문제로 속도력 + 정확성을 키우세요!

스마트폰이 없어도 걱정 마세요!
넥서스에듀 홈페이지로 들어오세요.

※ 진단평가, 마무리 평가의 종합문제 및 추가 문제는 홈페이지에서 다운로드 → 프린트해서 쓸 수 있어요.

차례

3 자연수의 덧셈과 뺄셈 중급

초등수학 2학년 과정

한 권으로 계산 끝 학습계획표

하루하루 끝내기로 한 학습 분량을 마치고 학습계획표를 체크해 보세요!

2주 / 4주 / 8주 완성 학습 목표를 정한 뒤에 매일매일 체크해 보세요.
스스로 공부하는 습관이 길러지고, 수학의 기초 실력인 연산력+계산력이 쑥쑥 향상됩니다.

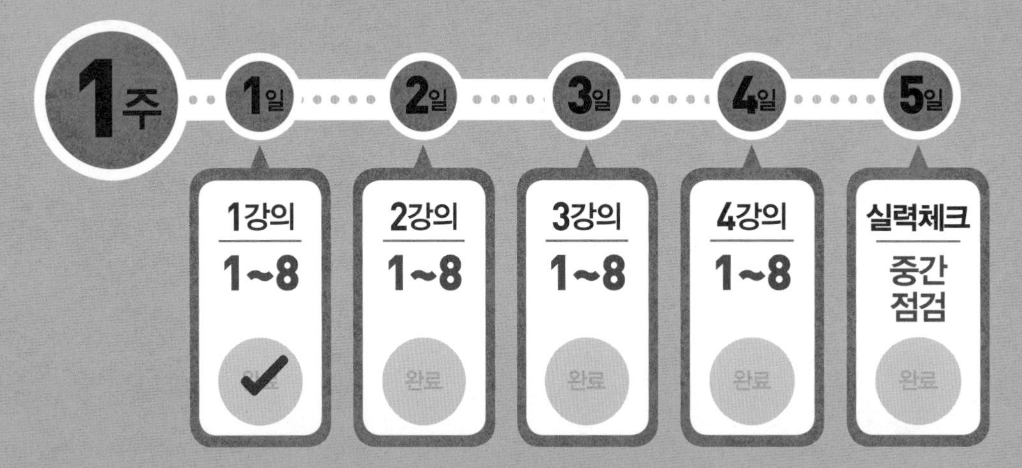

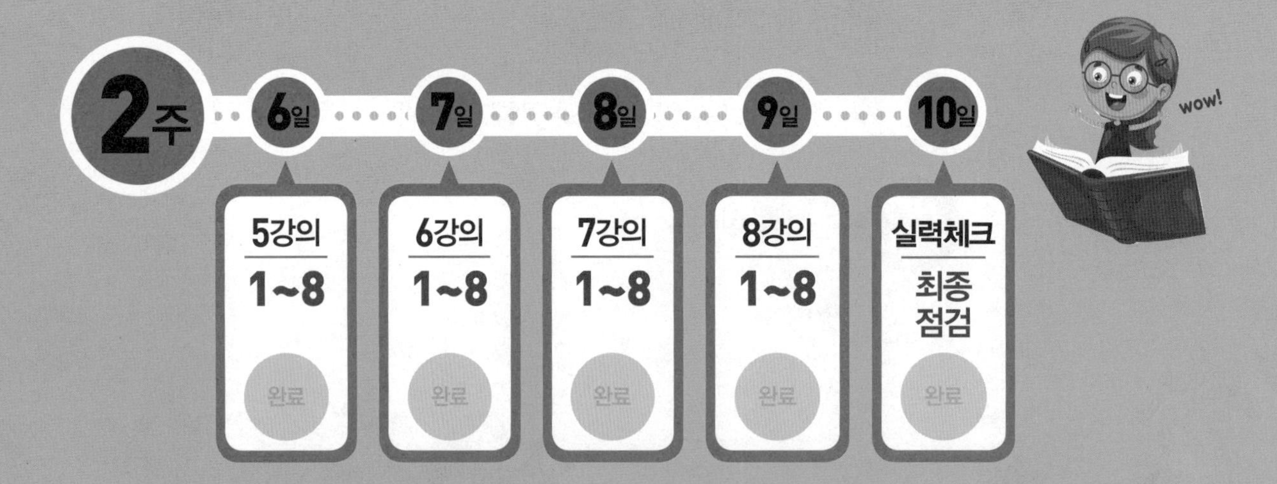

Study Plans

4주 완성

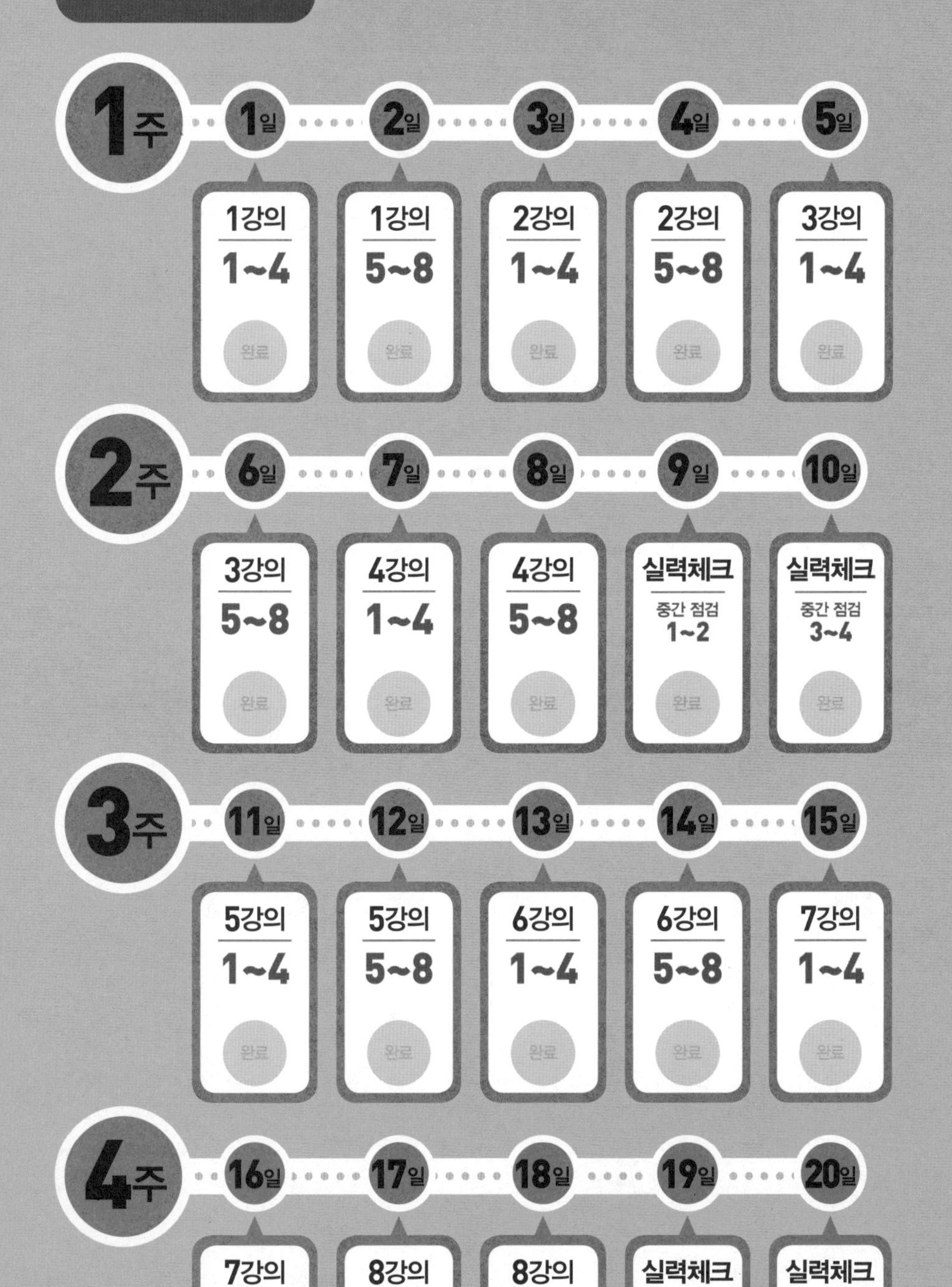

주	일	학습 내용
1주	1일	1강의 1~4
	2일	1강의 5~8
	3일	2강의 1~4
	4일	2강의 5~8
	5일	3강의 1~4
2주	6일	3강의 5~8
	7일	4강의 1~4
	8일	4강의 5~8
	9일	실력체크 중간 점검 1~2
	10일	실력체크 중간 점검 3~4
3주	11일	5강의 1~4
	12일	5강의 5~8
	13일	6강의 1~4
	14일	6강의 5~8
	15일	7강의 1~4
4주	16일	7강의 5~8
	17일	8강의 1~4
	18일	8강의 5~8
	19일	실력체크 최종 점검 5~6
	20일	실력체크 최종 점검 7~8

완료

한 권으로 계산 끝 **학습계획표**

Study Plans

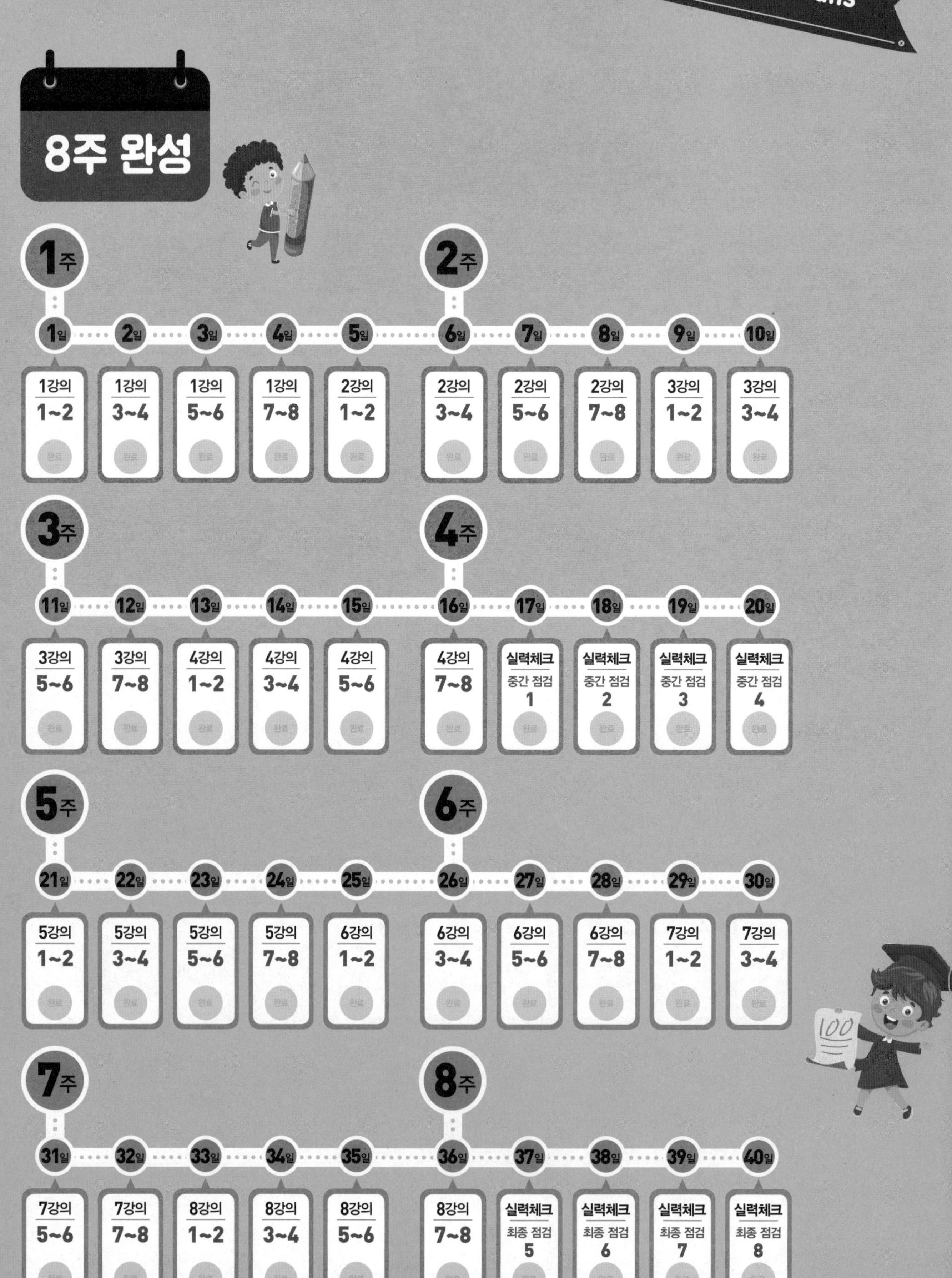

자연수의 덧셈과 뺄셈
중급
2학년 과정

무료 동영상강의로
개념을 쉽게 배워보세요!

받아올림이 있는 (두 자리 수)+(한 자리 수)

받아올림이 한 번 또는 두 번 있는 덧셈

각 자리 수끼리의 합이 10이거나 10보다 크면 10을 바로 윗자리로 받아올림해요.

받아올림이 한 번 있는 덧셈

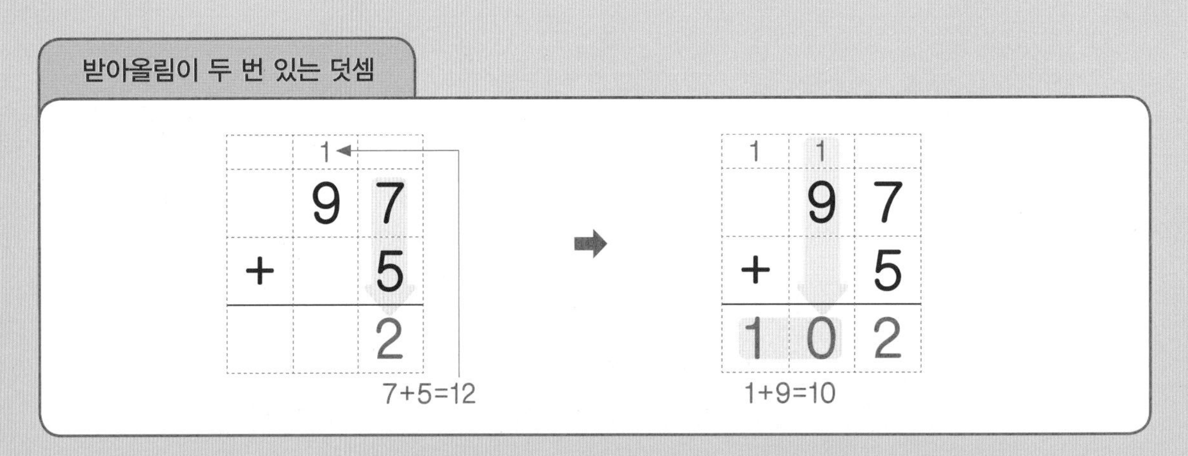

받아올림이 두 번 있는 덧셈

1
97
+ 5
2
7+5=12

1 1
97
+ 5
102
1+9=10

여러 가지 방법으로 덧셈

더하는 수 가르기

더해지는 수 가르기

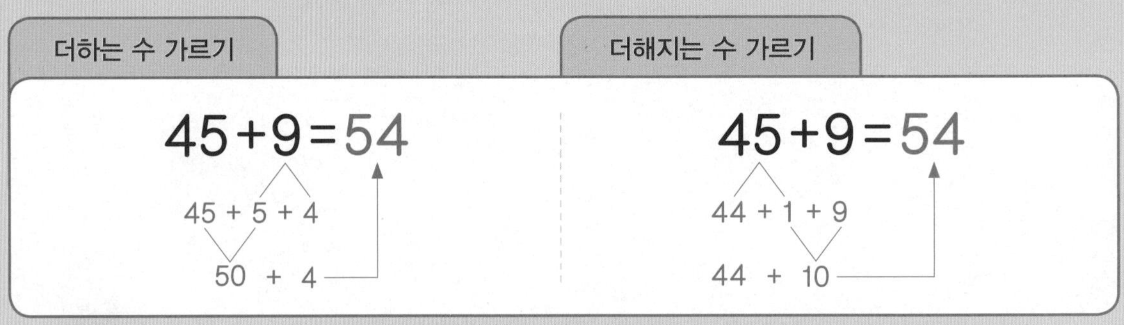

하나. 받아올림이 있는 (두 자리 수)+(한 자리 수)의 계산을 공부합니다.
둘. 받아올림한 수를 빠트리고 계산하는 실수를 하지 않도록 지도합니다.
셋. 여러 가지 방법으로 덧셈을 할 수 있다는 것을 알게 합니다.

받아올림이 있는 (두 자리 수)+(한 자리 수)

공부한 날 / 걸린 시간 분 맞힌 개수 /20

정답: p.2

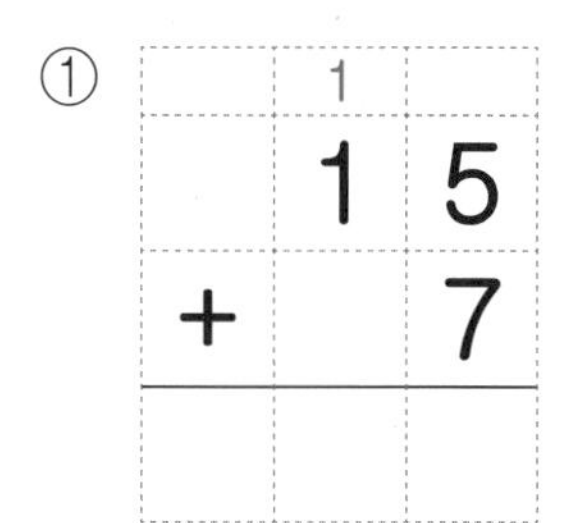

덧셈을 하세요.

① 15 + 7 (받아올림 1)

② 18 + 8

③ 29 + 5

④ 34 + 7

⑤ 45 + 8

⑥ 56 + 4 (받아올림 1)

⑦ 79 + 7

⑧ 72 + 9

⑨ 87 + 8

⑩ 93 + 9

⑪ 2 + 59 (받아올림 1)

⑫ 3 + 98

⑬ 4 + 48

⑭ 5 + 86

⑮ 6 + 19

⑯ 6 + 57 (받아올림 1)

⑰ 7 + 35

⑱ 8 + 26

⑲ 8 + 62

⑳ 9 + 34

2 받아올림이 있는 (두 자리 수)+(한 자리 수)

공부한 날 /
걸린 시간 분
맞힌 개수 /30

정답: p.2

여러 가지 방법으로 덧셈을 하세요.

① 25+8=

② 46+4=

③ 23+9=

④ 92+9=

⑤ 67+8=

⑥ 49+5=

⑦ 64+7=

⑧ 58+5=

⑨ 69+1=

⑩ 75+6=

⑪ 85+8=

⑫ 19+6=

⑬ 16+8=

⑭ 96+6=

⑮ 35+7=

⑯ 7+18=

⑰ 2+58=

⑱ 4+37=

⑲ 9+24=

⑳ 5+59=

㉑ 7+49=

㉒ 6+25=

㉓ 7+33=

㉔ 8+86=

㉕ 6+17=

㉖ 8+94=

㉗ 3+39=

㉘ 9+62=

㉙ 5+78=

㉚ 9+98=

받아올림이 있는 (두 자리 수)+(한 자리 수)

공부한 날 /
걸린 시간 분
맞힌 개수 /20

정답: p.2

덧셈을 하세요.

①

	1	
	2	9
+		4

②

	3	5
+		6

③

	3	7
+		3

④

	4	8
+		5

⑤

	5	6
+		7

⑥

	1	
	6	5
+		9

⑦

	6	8
+		8

⑧

	7	9
+		6

⑨

	8	4
+		8

⑩

	9	7
+		4

⑪

	1	
		2
+	4	9

⑫

		3
+	3	8

⑬

		4
+	6	9

⑭

		5
+	2	7

⑮

		6
+	6	5

⑯

	1	
		7
+	5	8

⑰

		7
+	9	6

⑱

		8
+	7	6

⑲

		9
+	1	4

⑳

		9
+	8	8

받아올림이 있는 (두 자리 수)+(한 자리 수)

공부한 날 / 걸린 시간 분 맞힌 개수 /30

정답: p.2

여러 가지 방법으로 덧셈을 하세요.

① 47+9=

② 75+7=

③ 48+4=

④ 26+5=

⑤ 58+2=

⑥ 73+9=

⑦ 24+7=

⑧ 78+6=

⑨ 99+5=

⑩ 94+6=

⑪ 59+9=

⑫ 17+7=

⑬ 35+8=

⑭ 66+7=

⑮ 89+2=

⑯ 2+29=

⑰ 8+79=

⑱ 4+98=

⑲ 9+36=

⑳ 5+46=

㉑ 7+75=

㉒ 6+68=

㉓ 9+53=

㉔ 7+16=

㉕ 5+65=

㉖ 8+97=

㉗ 3+27=

㉘ 8+23=

㉙ 4+59=

㉚ 9+67=

받아올림이 있는 (두 자리 수)+(한 자리 수)

공부한 날 /

걸린 시간 분

맞힌 개수 /20

정답: p.2

덧셈을 하세요.

① $\begin{array}{r} 27 \\ +\ \ 6 \\ \hline \end{array}$

② $\begin{array}{r} 78 \\ +\ \ 3 \\ \hline \end{array}$

③ $\begin{array}{r} 96 \\ +\ \ 8 \\ \hline \end{array}$

④ $\begin{array}{r} 4 \\ +\ 78 \\ \hline \end{array}$

⑤ $\begin{array}{r} 7 \\ +\ 65 \\ \hline \end{array}$

⑥ $\begin{array}{r} 49 \\ +\ \ 8 \\ \hline \end{array}$

⑦ $\begin{array}{r} 79 \\ +\ \ 5 \\ \hline \end{array}$

⑧ $\begin{array}{r} 98 \\ +\ \ 7 \\ \hline \end{array}$

⑨ $\begin{array}{r} 5 \\ +\ 29 \\ \hline \end{array}$

⑩ $\begin{array}{r} 8 \\ +\ 46 \\ \hline \end{array}$

⑪ $\begin{array}{r} 55 \\ +\ \ 7 \\ \hline \end{array}$

⑫ $\begin{array}{r} 84 \\ +\ \ 6 \\ \hline \end{array}$

⑬ $\begin{array}{r} 3 \\ +\ 48 \\ \hline \end{array}$

⑭ $\begin{array}{r} 6 \\ +\ 39 \\ \hline \end{array}$

⑮ $\begin{array}{r} 8 \\ +\ 98 \\ \hline \end{array}$

⑯ $\begin{array}{r} 69 \\ +\ \ 9 \\ \hline \end{array}$

⑰ $\begin{array}{r} 87 \\ +\ \ 4 \\ \hline \end{array}$

⑱ $\begin{array}{r} 3 \\ +\ 57 \\ \hline \end{array}$

⑲ $\begin{array}{r} 6 \\ +\ 95 \\ \hline \end{array}$

⑳ $\begin{array}{r} 9 \\ +\ 64 \\ \hline \end{array}$

6 받아올림이 있는 (두 자리 수)+(한 자리 수)

정답: p.2

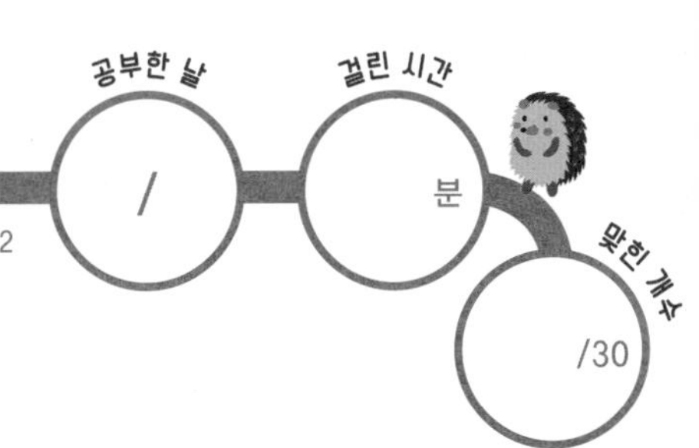

여러 가지 방법으로 덧셈을 하세요.

① 58+4=

② 27+8=

③ 54+6=

④ 95+8=

⑤ 14+9=

⑥ 36+7=

⑦ 97+9=

⑧ 77+3=

⑨ 86+6=

⑩ 78+7=

⑪ 69+5=

⑫ 29+8=

⑬ 63+9=

⑭ 49+2=

⑮ 87+5=

⑯ 2+38=

⑰ 7+77=

⑱ 4+38=

⑲ 7+86=

⑳ 7+54=

㉑ 8+33=

㉒ 9+71=

㉓ 6+98=

㉔ 9+27=

㉕ 6+89=

㉖ 9+94=

㉗ 5+67=

㉘ 8+38=

㉙ 6+45=

㉚ 8+19=

받아올림이 있는 (두 자리 수)+(한 자리 수)

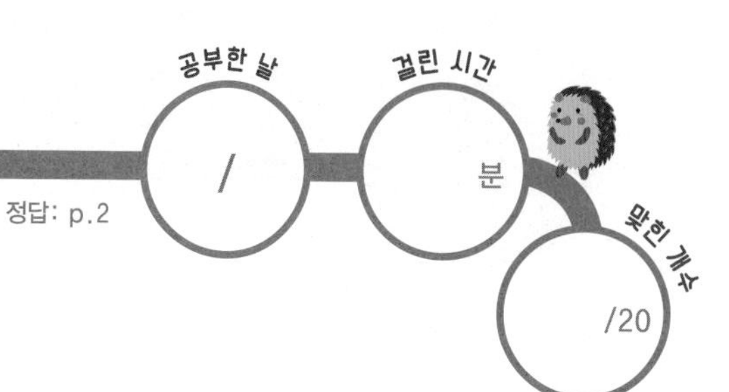

정답: p.2

덧셈을 하세요.

① $37 + 8$

② $68 + 4$

③ $93 + 7$

④ $5 + 75$

⑤ $8 + 23$

⑥ $49 + 6$

⑦ $76 + 5$

⑧ $97 + 7$

⑨ $6 + 97$

⑩ $8 + 78$

⑪ $54 + 7$

⑫ $83 + 9$

⑬ $4 + 58$

⑭ $7 + 34$

⑮ $9 + 68$

⑯ $55 + 8$

⑰ $87 + 6$

⑱ $5 + 69$

⑲ $7 + 45$

⑳ $9 + 93$

8 받아올림이 있는 (두 자리 수)+(한 자리 수)

공부한 날 /
걸린 시간 분
맞힌 개수 /30

정답: p.2

여러 가지 방법으로 덧셈을 하세요.

① $23+8=$

② $67+4=$

③ $76+4=$

④ $28+5=$

⑤ $44+8=$

⑥ $68+2=$

⑦ $65+7=$

⑧ $79+3=$

⑨ $95+6=$

⑩ $59+6=$

⑪ $76+8=$

⑫ $87+6=$

⑬ $89+9=$

⑭ $37+7=$

⑮ $98+6=$

⑯ $3+47=$

⑰ $7+58=$

⑱ $6+37=$

⑲ $9+32=$

⑳ $8+64=$

㉑ $5+95=$

㉒ $9+57=$

㉓ $3+69=$

㉔ $9+54=$

㉕ $8+16=$

㉖ $9+78=$

㉗ $4+99=$

㉘ $6+15=$

㉙ $7+25=$

㉚ $8+28=$

무료 동영상강의로
개념을 쉽게 배워보세요!

받아내림이 있는 (두 자리 수)-(한 자리 수)

받아내림이 있는 (두 자리 수)-(한 자리 수)의 계산

일의 자리 수끼리 뺄 수 없으면 십의 자리에서 10을 받아내림하여
일의 자리 위에 작게 '10'을 써서 받아내림을 나타내요.
그러고 나서 십의 자리 위에는 십의 자리의 숫자에서 1을 뺀 수를 써요.

받아내림이 있는 뺄셈

	4	2
−		7

2에서 7을
뺄 수 없어요.

→

	3	10
	~~4~~	2
−		7
		5

12−7=5

→

	3	10
	~~4~~	2
−		7
	3	5

여러 가지 방법으로 뺄셈

빼는 수 가르기

$34-9=25$

34 − 4 − 5

30 − 5

빼지는 수 가르기

$34-9=25$

24 + 10 − 9

24 + 1

하나. 받아내림이 있는 (두 자리 수)-(한 자리 수)의 계산을 공부합니다.
둘. 받아내림을 한 십의 자리 숫자는 처음 수에서 1을 뺀 수를 써야 한다는 것을 알게 합니다.
셋. 여러 가지 방법으로 뺄셈을 할 수 있다는 것을 알게 합니다.

받아내림이 있는 (두 자리 수)-(한 자리 수)

공부한 날 /

걸린 시간 분

맞힌 개수 /20

정답: p.3

뺄셈을 하세요.

① (1, 10) 2̸1 − 5

② 24 − 6

③ 27 − 9

④ 30 − 4

⑤ 31 − 3

⑥ (2, 10) 3̸3 − 4

⑦ 40 − 6

⑧ 41 − 2

⑨ 43 − 8

⑩ 46 − 9

⑪ (4, 10) 5̸1 − 9

⑫ 53 − 7

⑬ 55 − 8

⑭ 60 − 2

⑮ 62 − 4

⑯ (5, 10) 6̸3 − 8

⑰ 71 − 6

⑱ 84 − 9

⑲ 92 − 5

⑳ 96 − 7

2 받아내림이 있는 (두 자리 수)−(한 자리 수)

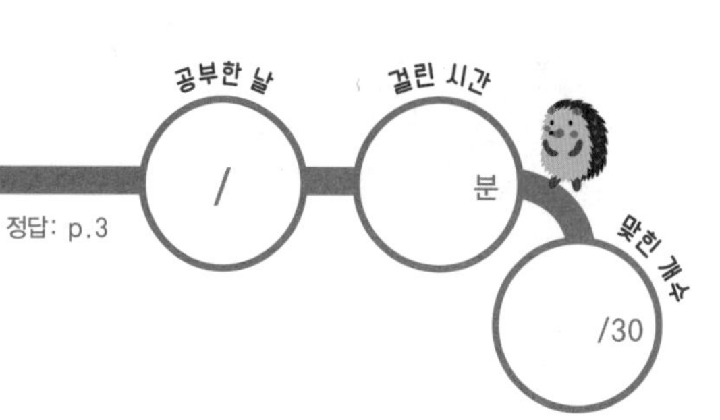

정답: p.3

여러 가지 방법으로 뺄셈을 하세요.

① $23-7=$

② $52-5=$

③ $80-7=$

④ $63-6=$

⑤ $30-2=$

⑥ $82-9=$

⑦ $71-9=$

⑧ $42-4=$

⑨ $91-5=$

⑩ $28-9=$

⑪ $64-6=$

⑫ $76-7=$

⑬ $50-4=$

⑭ $26-9=$

⑮ $81-8=$

⑯ $32-7=$

⑰ $92-8=$

⑱ $33-6=$

⑲ $54-8=$

⑳ $70-6=$

㉑ $34-9=$

㉒ $73-4=$

㉓ $51-3=$

㉔ $47-9=$

㉕ $66-8=$

㉖ $21-2=$

㉗ $85-8=$

㉘ $40-5=$

㉙ $20-1=$

㉚ $95-6=$

3 받아내림이 있는 (두 자리 수)-(한 자리 수)

공부한 날 / 걸린 시간 분 맞힌 개수 /20

정답: p.3

뺄셈을 하세요.

① $\begin{array}{rr} 1 & 10 \\ \not{2} & 3 \\ - & 9 \\ \hline & \end{array}$

② $\begin{array}{rr} 3 & 0 \\ - & 8 \\ \hline & \end{array}$

③ $\begin{array}{rr} 3 & 1 \\ - & 5 \\ \hline & \end{array}$

④ $\begin{array}{rr} 3 & 4 \\ - & 8 \\ \hline & \end{array}$

⑤ $\begin{array}{rr} 3 & 5 \\ - & 7 \\ \hline & \end{array}$

⑥ $\begin{array}{rr} 3 & 10 \\ \not{4} & 1 \\ - & 7 \\ \hline & \end{array}$

⑦ $\begin{array}{rr} 4 & 4 \\ - & 6 \\ \hline & \end{array}$

⑧ 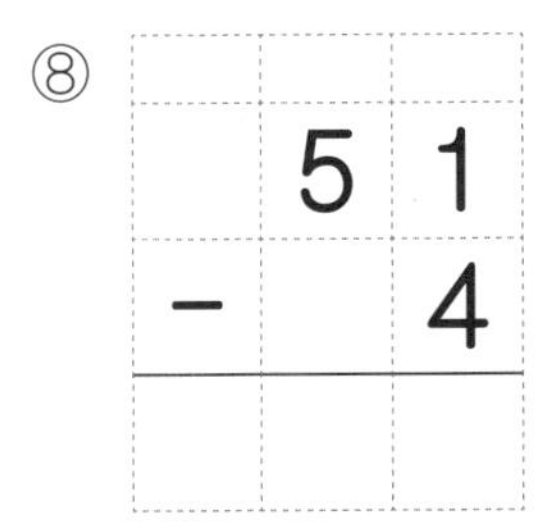

$\begin{array}{rr} 5 & 1 \\ - & 4 \\ \hline & \end{array}$

⑨ $\begin{array}{rr} 5 & 2 \\ - & 6 \\ \hline & \end{array}$

⑩ $\begin{array}{rr} 5 & 4 \\ - & 7 \\ \hline & \end{array}$

⑪ $\begin{array}{rr} 5 & 10 \\ \not{6} & 0 \\ - & 9 \\ \hline & \end{array}$

⑫ $\begin{array}{rr} 6 & 1 \\ - & 8 \\ \hline & \end{array}$

⑬ $\begin{array}{rr} 6 & 2 \\ - & 3 \\ \hline & \end{array}$

⑭ $\begin{array}{rr} 6 & 3 \\ - & 5 \\ \hline & \end{array}$

⑮ $\begin{array}{rr} 7 & 0 \\ - & 3 \\ \hline & \end{array}$

⑯ $\begin{array}{rr} 6 & 10 \\ \not{7} & 3 \\ - & 8 \\ \hline & \end{array}$

⑰ $\begin{array}{rr} 8 & 2 \\ - & 7 \\ \hline & \end{array}$

⑱ $\begin{array}{rr} 8 & 4 \\ - & 5 \\ \hline & \end{array}$

⑲ $\begin{array}{rr} 9 & 5 \\ - & 9 \\ \hline & \end{array}$

⑳ $\begin{array}{rr} 9 & 7 \\ - & 8 \\ \hline & \end{array}$

받아내림이 있는 (두 자리 수)-(한 자리 수)

공부한 날 /
걸린 시간 분
맞힌 개수 /30

정답: p.3

여러 가지 방법으로 뺄셈을 하세요.

① $25-8=$

② $53-4=$

③ $31-8=$

④ $64-5=$

⑤ $54-9=$

⑥ $72-7=$

⑦ $35-9=$

⑧ $70-9=$

⑨ $91-2=$

⑩ $20-8=$

⑪ $45-6=$

⑫ $85-7=$

⑬ $50-3=$

⑭ $42-8=$

⑮ $23-6=$

⑯ $58-9=$

⑰ $46-8=$

⑱ $62-9=$

⑲ $30-6=$

⑳ $82-5=$

㉑ $66-9=$

㉒ $40-4=$

㉓ $71-3=$

㉔ $33-7=$

㉕ $73-9=$

㉖ $41-5=$

㉗ $67-8=$

㉘ $60-7=$

㉙ $51-7=$

㉚ $92-4=$

받아내림이 있는 (두 자리 수)-(한 자리 수)

공부한 날 /
걸린 시간 분
맞힌 개수 /20

정답: p.3

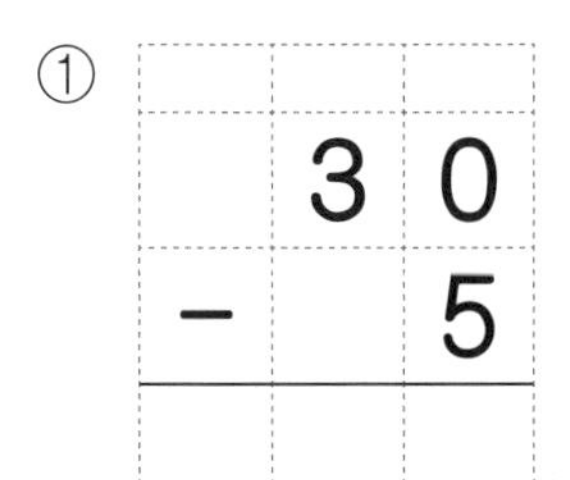

빨셈을 하세요.

① $30 - 5 =$

② $46 - 8 =$

③ $61 - 7 =$

④ $75 - 7 =$

⑤ $84 - 8 =$

⑥ $33 - 8 =$

⑦ $53 - 5 =$

⑧ $64 - 7 =$

⑨ $78 - 9 =$

⑩ $90 - 6 =$

⑪ $41 - 9 =$

⑫ $54 - 6 =$

⑬ $65 - 9 =$

⑭ $80 - 2 =$

⑮ $91 - 4 =$

⑯ $42 - 6 =$

⑰ $56 - 7 =$

⑱ $73 - 6 =$

⑲ $82 - 3 =$

⑳ $97 - 9 =$

6 받아내림이 있는 (두 자리 수)-(한 자리 수)

정답: p.3

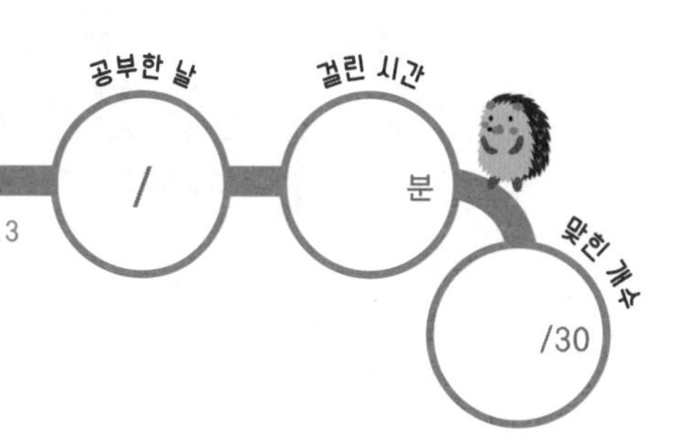

여러 가지 방법으로 뺄셈을 하세요.

① $21-9=$

② $22-8=$

③ $30-7=$

④ $32-3=$

⑤ $85-6=$

⑥ $95-8=$

⑦ $74-5=$

⑧ $93-5=$

⑨ $44-7=$

⑩ $70-2=$

⑪ $86-8=$

⑫ $52-4=$

⑬ $81-2=$

⑭ $43-9=$

⑮ $60-1=$

⑯ $83-7=$

⑰ $71-4=$

⑱ $61-6=$

⑲ $57-9=$

⑳ $87-8=$

㉑ $90-8=$

㉒ $62-6=$

㉓ $80-3=$

㉔ $65-7=$

㉕ $40-8=$

㉖ $76-9=$

㉗ $32-9=$

㉘ $98-9=$

㉙ $81-7=$

㉚ $55-9=$

7 받아내림이 있는 (두 자리 수)-(한 자리 수)

공부한 날 / 걸린 시간 분 맞힌 개수 /20

정답: p.3

뺄셈을 하세요.

① $32 - 8$

② $46 - 7$

③ $61 - 5$

④ $70 - 4$

⑤ $80 - 9$

⑥ $35 - 8$

⑦ $50 - 6$

⑧ $64 - 8$

⑨ $71 - 8$

⑩ $83 - 4$

⑪ $37 - 9$

⑫ $52 - 7$

⑬ $67 - 9$

⑭ $72 - 5$

⑮ $93 - 6$

⑯ $41 - 3$

⑰ $53 - 8$

⑱ $68 - 9$

⑲ $77 - 8$

⑳ $95 - 7$

8 받아내림이 있는 (두 자리 수)-(한 자리 수)

공부한 날 /
걸린 시간 분
맞힌 개수 /30

정답: p.3

여러 가지 방법으로 뺄셈을 하세요.

① $90-2=$

② $52-3=$

③ $45-8=$

④ $71-7=$

⑤ $88-9=$

⑥ $43-5=$

⑦ $93-8=$

⑧ $72-9=$

⑨ $21-3=$

⑩ $20-7=$

⑪ $74-9=$

⑫ $92-6=$

⑬ $60-6=$

⑭ $23-4=$

⑮ $70-5=$

⑯ $32-4=$

⑰ $40-9=$

⑱ $91-8=$

⑲ $96-9=$

⑳ $36-7=$

㉑ $51-5=$

㉒ $92-7=$

㉓ $77-8=$

㉔ $85-9=$

㉕ $50-8=$

㉖ $34-7=$

㉗ $76-8=$

㉘ $65-6=$

㉙ $81-9=$

㉚ $63-7=$

무료 동영상강의로
개념을 쉽게 배워보세요!

받아올림이 한 번 있는 (두 자리 수)+(두 자리 수)

받아올림이 한 번 있는 (두 자리 수)+(두 자리 수)의 계산

일의 자리에서 받아올림이 있으면 십의 자리 위에 1을 작게 써서 계산하고,
십의 자리에서 받아올림이 있으면 백의 자리에 1을 써요.

세로로 계산

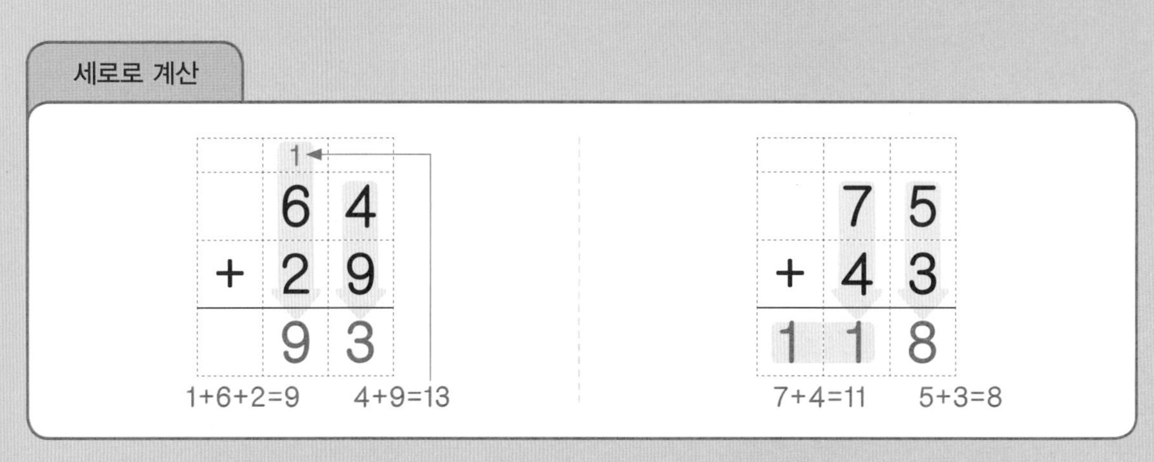

여러 가지 방법으로 덧셈

❶ 57에서 30을 먼저 더한 후 그 결과에 4를 더해요.
❷ 50에서 30을 먼저 더한 후 7과 4의 합을 더해요.
❸ 57에서 40을 더한 후 그 결과에 6을 빼요.
❹ 57에서 3을 먼저 더하여 60을 만들어 계산해요.

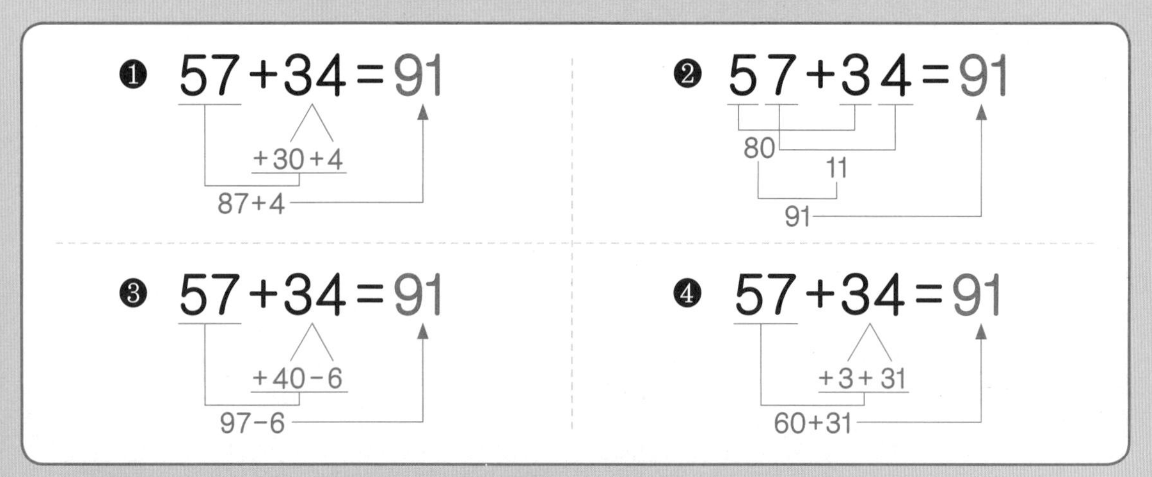

하나. 받아올림이 한 번 있는 (두 자리 수)+(두 자리 수)의 계산을 공부합니다.
둘. 받아올림한 수를 빠트리고 계산하는 실수를 하지 않도록 지도합니다.
셋. 여러 가지 방법으로 덧셈을 할 수 있다는 것을 알게 하고, 자신에게 편리한 방법으로 정확하고 빠르게 풀 수 있도록 지도합니다.

받아올림이 한 번 있는 (두 자리 수)+(두 자리 수)

정답: p.4

덧셈을 하세요.

①

	1	
	1	3
+	1	9

②

	1	8
+	2	6

③

	1	9
+	6	4

④

	2	2
+	3	9

⑤

	2	5
+	1	8

⑥

	1	
	2	6
+	4	6

⑦

	3	4
+	3	7

⑧

	3	9
+	2	8

⑨

	4	6
+	3	4

⑩

	4	7
+	2	8

⑪

1		
	2	4
+	9	3

⑫

	3	0
+	8	5

⑬

	4	3
+	6	1

⑭

	5	2
+	7	6

⑮

	6	3
+	5	2

⑯

1		
	6	4
+	7	2

⑰

	6	5
+	9	4

⑱

	8	1
+	6	3

⑲

	8	5
+	4	2

⑳

	9	3
+	1	4

2 받아올림이 한 번 있는 (두 자리 수)+(두 자리 수)

공부한 날 /
걸린 시간 분
맞힌 개수 /30

정답: p.4

여러 가지 방법으로 덧셈을 하세요.

① $62+86=$

② $72+84=$

③ $38+52=$

④ $27+66=$

⑤ $38+27=$

⑥ $32+39=$

⑦ $56+72=$

⑧ $23+47=$

⑨ $17+19=$

⑩ $82+55=$

⑪ $16+68=$

⑫ $95+14=$

⑬ $56+26=$

⑭ $23+19=$

⑮ $17+34=$

⑯ $34+72=$

⑰ $95+53=$

⑱ $15+78=$

⑲ $41+93=$

⑳ $97+42=$

㉑ $63+64=$

㉒ $86+31=$

㉓ $71+58=$

㉔ $69+28=$

㉕ $21+97=$

㉖ $56+60=$

㉗ $82+91=$

㉘ $15+59=$

㉙ $49+34=$

㉚ $58+13=$

받아올림이 한 번 있는 (두 자리 수)+(두 자리 수)

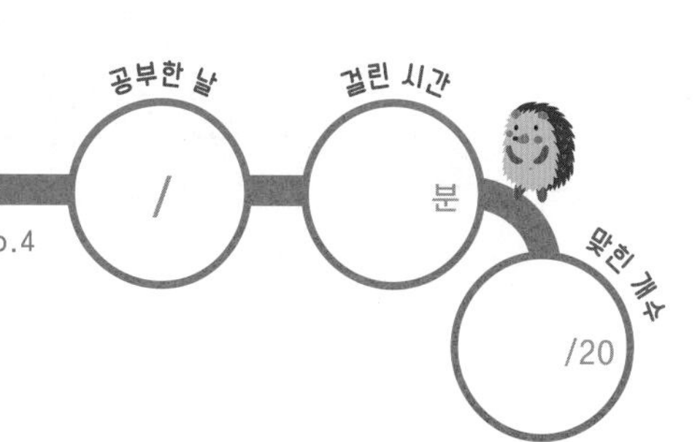

정답: p.4

덧셈을 하세요.

① $\begin{array}{rrr} & 1 & \\ & 1 & 6 \\ + & 2 & 7 \\ \hline \end{array}$

② $\begin{array}{rrr} & 1 & 8 \\ + & 1 & 4 \\ \hline \end{array}$

③ $\begin{array}{rrr} & 1 & 8 \\ + & 4 & 9 \\ \hline \end{array}$

④ $\begin{array}{rrr} & 2 & 4 \\ + & 2 & 8 \\ \hline \end{array}$

⑤ $\begin{array}{rrr} & 2 & 5 \\ + & 5 & 6 \\ \hline \end{array}$

⑥ $\begin{array}{rrr} & 1 & \\ & 2 & 7 \\ + & 3 & 7 \\ \hline \end{array}$

⑦ $\begin{array}{rrr} & 3 & 4 \\ + & 1 & 9 \\ \hline \end{array}$

⑧ $\begin{array}{rrr} & 3 & 7 \\ + & 4 & 3 \\ \hline \end{array}$

⑨ $\begin{array}{rrr} & 4 & 9 \\ + & 2 & 6 \\ \hline \end{array}$

⑩ $\begin{array}{rrr} & 5 & 3 \\ + & 3 & 8 \\ \hline \end{array}$

⑪ $\begin{array}{rrr} 1 & & \\ & 2 & 5 \\ + & 8 & 2 \\ \hline \end{array}$

⑫ $\begin{array}{rrr} & 3 & 2 \\ + & 8 & 4 \\ \hline \end{array}$

⑬ $\begin{array}{rrr} & 3 & 3 \\ + & 9 & 6 \\ \hline \end{array}$

⑭ $\begin{array}{rrr} & 4 & 7 \\ + & 7 & 1 \\ \hline \end{array}$

⑮ $\begin{array}{rrr} & 5 & 3 \\ + & 8 & 5 \\ \hline \end{array}$

⑯ $\begin{array}{rrr} 1 & & \\ & 6 & 0 \\ + & 9 & 3 \\ \hline \end{array}$

⑰ $\begin{array}{rrr} & 6 & 1 \\ + & 5 & 2 \\ \hline \end{array}$

⑱ $\begin{array}{rrr} & 7 & 1 \\ + & 4 & 5 \\ \hline \end{array}$

⑲ $\begin{array}{rrr} & 7 & 4 \\ + & 6 & 4 \\ \hline \end{array}$

⑳ $\begin{array}{rrr} & 8 & 2 \\ + & 8 & 3 \\ \hline \end{array}$

4 받아올림이 한 번 있는 (두 자리 수)+(두 자리 수)

공부한 날 /
걸린 시간 분
맞힌 개수 /30

정답: p.4

여러 가지 방법으로 덧셈을 하세요.

① $97+71=$

② $26+67=$

③ $45+29=$

④ $27+55=$

⑤ $59+19=$

⑥ $65+61=$

⑦ $74+17=$

⑧ $62+92=$

⑨ $87+40=$

⑩ $52+84=$

⑪ $48+46=$

⑫ $49+33=$

⑬ $37+48=$

⑭ $34+38=$

⑮ $25+36=$

⑯ $83+61=$

⑰ $45+73=$

⑱ $57+62=$

⑲ $19+37=$

⑳ $64+85=$

㉑ $91+57=$

㉒ $11+69=$

㉓ $71+61=$

㉔ $48+15=$

㉕ $22+96=$

㉖ $19+26=$

㉗ $36+93=$

㉘ $85+82=$

㉙ $37+23=$

㉚ $63+44=$

받아올림이 한 번 있는 (두 자리 수)+(두 자리 수)

정답: p.4

공부한 날 / 걸린 시간 분 맞힌 개수 /20

덧셈을 하세요.

① $16 + 48$	⑥ $19 + 54$	⑪ $22 + 48$	⑯ $27 + 26$
② $28 + 13$	⑦ $35 + 57$	⑫ $49 + 38$	⑰ $53 + 29$
③ $66 + 16$	⑧ $68 + 27$	⑬ $35 + 84$	⑱ $40 + 98$
④ $43 + 72$	⑨ $54 + 52$	⑭ $61 + 84$	⑲ $77 + 51$
⑤ $82 + 75$	⑩ $83 + 43$	⑮ $91 + 86$	⑳ $93 + 54$

6 받아올림이 한 번 있는 (두 자리 수)+(두 자리 수)

공부한 날 /
걸린 시간 분
맞힌 개수 /30

정답: p.4

여러 가지 방법으로 덧셈을 하세요.

① 28+22=

② 39+14=

③ 35+27=

④ 93+32=

⑤ 26+19=

⑥ 48+34=

⑦ 86+82=

⑧ 45+48=

⑨ 82+45=

⑩ 58+60=

⑪ 93+15=

⑫ 68+19=

⑬ 18+48=

⑭ 62+85=

⑮ 16+18=

⑯ 21+84=

⑰ 95+91=

⑱ 57+36=

⑲ 41+86=

⑳ 54+72=

㉑ 69+22=

㉒ 52+91=

㉓ 73+76=

㉔ 29+67=

㉕ 75+44=

㉖ 14+76=

㉗ 61+97=

㉘ 24+57=

㉙ 28+47=

㉚ 74+53=

받아올림이 한 번 있는 (두 자리 수)+(두 자리 수)

공부한 날 / 걸린 시간 분 / 맞힌 개수 /20

정답: p.4

덧셈을 하세요.

① $16 + 65$

② $37 + 47$

③ $57 + 25$

④ $64 + 74$

⑤ $83 + 32$

⑥ $18 + 59$

⑦ $43 + 48$

⑧ $71 + 19$

⑨ $67 + 62$

⑩ $86 + 93$

⑪ $28 + 35$

⑫ $49 + 23$

⑬ $44 + 61$

⑭ $73 + 84$

⑮ $90 + 57$

⑯ $29 + 66$

⑰ $54 + 19$

⑱ $55 + 83$

⑲ $81 + 48$

⑳ $92 + 76$

8 받아올림이 한 번 있는 (두 자리 수)+(두 자리 수)

공부한 날 /
걸린 시간 분
맞힌 개수 /30

정답: p.4

여러 가지 방법으로 덧셈을 하세요.

① 49+70=

② 34+28=

③ 61+57=

④ 91+76=

⑤ 44+47=

⑥ 62+28=

⑦ 16+67=

⑧ 57+39=

⑨ 85+64=

⑩ 76+52=

⑪ 18+43=

⑫ 43+39=

⑬ 91+93=

⑭ 59+14=

⑮ 74+84=

⑯ 67+41=

⑰ 42+85=

⑱ 55+25=

⑲ 92+41=

⑳ 49+26=

㉑ 93+24=

㉒ 36+35=

㉓ 56+93=

㉔ 39+38=

㉕ 28+56=

㉖ 63+75=

㉗ 75+18=

㉘ 84+92=

㉙ 32+93=

㉚ 67+15=

무료 동영상강의로
개념을 쉽게 배워보세요!

받아올림이 두 번 있는 (두 자리 수)+(두 자리 수)

받아올림이 두 번 있는 (두 자리 수)+(두 자리 수)의 계산

일의 자리, 십의 자리 순서로 계산해요.
받아올림이 있으면 받아올림한 수를 잊지 말고 더해요.

세로로 계산

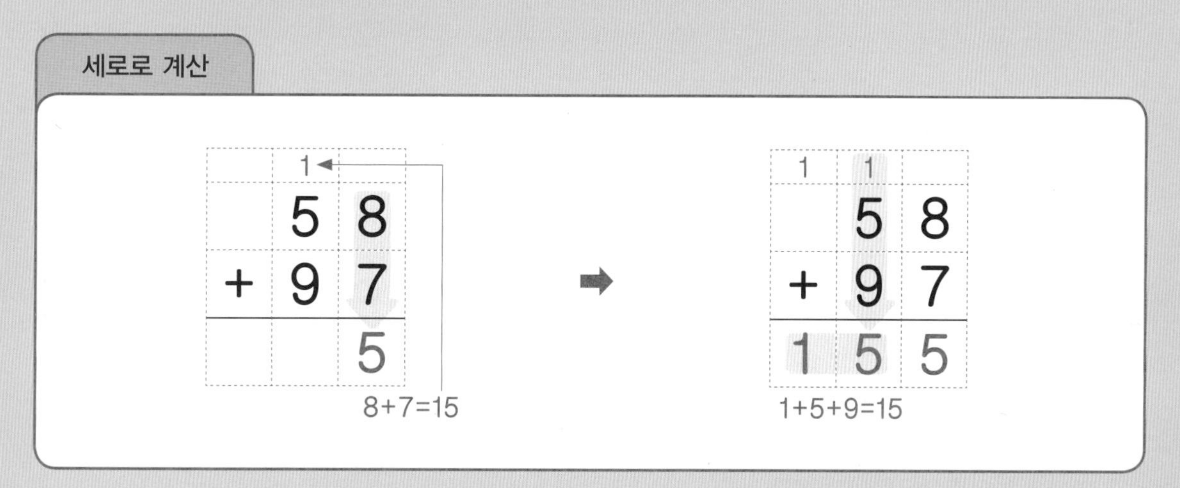

여러 가지 방법으로 덧셈

❶ 75에서 50을 먼저 더한 후 그 결과에 6을 더해요.
❷ 70에서 50을 먼저 더한 후 5와 6의 합을 더해요.
❸ 75에서 60을 더한 후 그 결과에 4를 빼요.
❹ 75에서 5를 먼저 더하여 80을 만들어 계산해요.

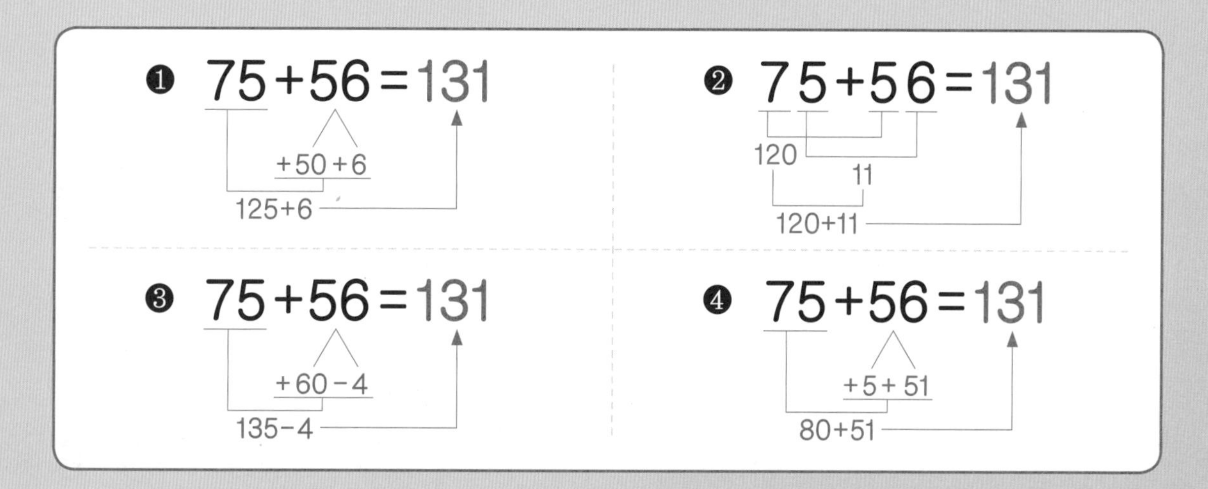

하나. 받아올림이 두 번 있는 (두 자리 수)+(두 자리 수)의 계산을 공부합니다.
둘. 받아올림한 수를 바로 윗자리에 써서 빠뜨리고 계산하는 실수를 하지 않도록 지도합니다.

받아올림이 두 번 있는 (두 자리 수)+(두 자리 수)

정답: p.5

공부한 날 /

걸린 시간 분

맞힌 개수 /20

덧셈을 하세요.

① (받아올림 1 1) $15 + 87$

② $23 + 88$

③ $39 + 96$

④ $46 + 76$

⑤ $47 + 63$

⑥ (받아올림 1 1) $48 + 92$

⑦ $57 + 59$

⑧ $59 + 78$

⑨ $66 + 35$

⑩ $67 + 96$

⑪ (받아올림 1 1) $68 + 87$

⑫ $69 + 75$

⑬ $74 + 28$

⑭ $74 + 79$

⑮ $78 + 46$

⑯ (받아올림 1 1) $84 + 77$

⑰ $86 + 98$

⑱ $89 + 34$

⑲ $92 + 79$

⑳ $96 + 34$

2 받아올림이 두 번 있는 (두 자리 수)+(두 자리 수)

공부한 날 /
걸린 시간 분
맞힌 개수 /30

정답: p.5

여러 가지 방법으로 덧셈을 하세요.

① 19+94=

② 68+35=

③ 36+97=

④ 79+63=

⑤ 43+78=

⑥ 65+48=

⑦ 83+79=

⑧ 25+85=

⑨ 54+59=

⑩ 95+76=

⑪ 78+76=

⑫ 47+58=

⑬ 45+89=

⑭ 68+53=

⑮ 16+84=

⑯ 39+86=

⑰ 94+57=

⑱ 85+97=

⑲ 91+29=

⑳ 56+78=

㉑ 57+83=

㉒ 89+59=

㉓ 28+78=

㉔ 44+68=

㉕ 69+91=

㉖ 37+75=

㉗ 47+97=

㉘ 87+44=

㉙ 78+59=

㉚ 69+87=

받아올림이 두 번 있는 (두 자리 수)+(두 자리 수)

공부한 날 /
걸린 시간 분
맞힌 개수 /20

정답: p.5

 덧셈을 하세요.

① (받아올림 1 1) 19 + 85 =

② 25 + 97 =

③ 36 + 98 =

④ 47 + 86 =

⑤ 49 + 64 =

⑥ (받아올림 1 1) 52 + 68 =

⑦ 54 + 99 =

⑧ 56 + 86 =

⑨ 58 + 47 =

⑩ 69 + 68 =

⑪ (받아올림 1 1) 76 + 25 =

⑫ 77 + 84 =

⑬ 78 + 32 =

⑭ 79 + 69 =

⑮ 84 + 56 =

⑯ (받아올림 1 1) 86 + 39 =

⑰ 87 + 89 =

⑱ 93 + 88 =

⑲ 97 + 47 =

⑳ 98 + 14 =

받아올림이 두 번 있는 (두 자리 수)+(두 자리 수)

공부한 날 /
걸린 시간 분
맞힌 개수 /30

정답: p.5

여러 가지 방법으로 덧셈을 하세요.

① $86+38=$

② $56+56=$

③ $87+98=$

④ $35+76=$

⑤ $84+68=$

⑥ $42+79=$

⑦ $37+69=$

⑧ $97+63=$

⑨ $29+86=$

⑩ $48+95=$

⑪ $46+89=$

⑫ $94+46=$

⑬ $73+29=$

⑭ $58+79=$

⑮ $57+96=$

⑯ $93+19=$

⑰ $67+74=$

⑱ $68+56=$

⑲ $38+98=$

⑳ $56+64=$

㉑ $85+15=$

㉒ $63+47=$

㉓ $78+84=$

㉔ $95+79=$

㉕ $73+78=$

㉖ $75+57=$

㉗ $15+88=$

㉘ $88+53=$

㉙ $49+55=$

㉚ $96+27=$

받아올림이 두 번 있는 (두 자리 수)+(두 자리 수)

공부한 날 /
걸린 시간 분
맞힌 개수 /20

정답: p.5

덧셈을 하세요.

① $\begin{array}{r} 22 \\ +\ 79 \\ \hline \end{array}$

② $\begin{array}{r} 54 \\ +\ 86 \\ \hline \end{array}$

③ $\begin{array}{r} 68 \\ +\ 62 \\ \hline \end{array}$

④ $\begin{array}{r} 78 \\ +\ 65 \\ \hline \end{array}$

⑤ $\begin{array}{r} 94 \\ +\ 58 \\ \hline \end{array}$

⑥ $\begin{array}{r} 38 \\ +\ 86 \\ \hline \end{array}$

⑦ $\begin{array}{r} 59 \\ +\ 43 \\ \hline \end{array}$

⑧ $\begin{array}{r} 69 \\ +\ 35 \\ \hline \end{array}$

⑨ $\begin{array}{r} 83 \\ +\ 49 \\ \hline \end{array}$

⑩ $\begin{array}{r} 96 \\ +\ 89 \\ \hline \end{array}$

⑪ $\begin{array}{r} 49 \\ +\ 68 \\ \hline \end{array}$

⑫ $\begin{array}{r} 65 \\ +\ 98 \\ \hline \end{array}$

⑬ $\begin{array}{r} 76 \\ +\ 38 \\ \hline \end{array}$

⑭ $\begin{array}{r} 85 \\ +\ 87 \\ \hline \end{array}$

⑮ $\begin{array}{r} 98 \\ +\ 13 \\ \hline \end{array}$

⑯ $\begin{array}{r} 51 \\ +\ 69 \\ \hline \end{array}$

⑰ $\begin{array}{r} 67 \\ +\ 84 \\ \hline \end{array}$

⑱ $\begin{array}{r} 78 \\ +\ 48 \\ \hline \end{array}$

⑲ $\begin{array}{r} 87 \\ +\ 79 \\ \hline \end{array}$

⑳ $\begin{array}{r} 99 \\ +\ 39 \\ \hline \end{array}$

받아올림이 두 번 있는 (두 자리 수)+(두 자리 수)

공부한 날 /
걸린 시간 분
맞힌 개수 /30

정답: p.5

여러 가지 방법으로 덧셈을 하세요.

① 26+76=

② 82+89=

③ 67+58=

④ 73+47=

⑤ 45+56=

⑥ 98+24=

⑦ 67+73=

⑧ 87+25=

⑨ 56+69=

⑩ 74+68=

⑪ 75+39=

⑫ 64+69=

⑬ 49+74=

⑭ 39+97=

⑮ 92+58=

⑯ 48+67=

⑰ 94+47=

⑱ 47+99=

⑲ 86+78=

⑳ 55+85=

㉑ 68+33=

㉒ 86+94=

㉓ 35+88=

㉔ 79+59=

㉕ 29+85=

㉖ 89+13=

㉗ 96+75=

㉘ 97+16=

㉙ 68+98=

㉚ 58+96=

받아올림이 두 번 있는 (두 자리 수)+(두 자리 수)

정답: p.5

공부한 날 /

걸린 시간 분

맞힌 개수 /20

덧셈을 하세요.

① $25 + 96 =$

② $49 + 86 =$

③ $72 + 78 =$

④ $83 + 19 =$

⑤ $97 + 28 =$

⑥ $39 + 69 =$

⑦ $56 + 97 =$

⑧ $74 + 87 =$

⑨ $86 + 58 =$

⑩ $98 + 48 =$

⑪ $46 + 74 =$

⑫ $58 + 55 =$

⑬ $76 + 24 =$

⑭ $89 + 92 =$

⑮ $98 + 74 =$

⑯ $48 + 79 =$

⑰ $67 + 79 =$

⑱ $77 + 55 =$

⑲ $94 + 99 =$

⑳ $99 + 35 =$

받아올림이 두 번 있는 (두 자리 수)+(두 자리 수)

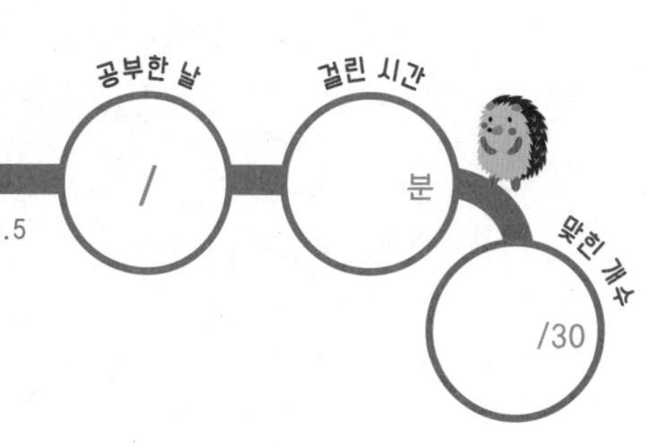

정답: p.5

여러 가지 방법으로 덧셈을 하세요.

① 27+73=

② 93+87=

③ 57+47=

④ 38+84=

⑤ 89+79=

⑥ 63+39=

⑦ 97+58=

⑧ 48+73=

⑨ 76+37=

⑩ 85+66=

⑪ 69+89=

⑫ 88+15=

⑬ 34+67=

⑭ 98+44=

⑮ 57+74=

⑯ 89+83=

⑰ 75+87=

⑱ 65+68=

⑲ 91+69=

⑳ 29+94=

㉑ 58+82=

㉒ 76+99=

㉓ 47+65=

㉔ 82+39=

㉕ 78+49=

㉖ 94+96=

㉗ 69+42=

㉘ 25+89=

㉙ 76+68=

㉚ 46+85=

실력 체크

중간 점검

1 받아올림이 있는 (두 자리 수) + (한 자리 수)
2 받아내림이 있는 (두 자리 수) − (한 자리 수)
3 받아올림이 한 번 있는 (두 자리 수) + (두 자리 수)
4 받아올림이 두 번 있는 (두 자리 수) + (두 자리 수)

받아올림이 있는 (두 자리 수)+(한 자리 수)

공부한 날	월	일
걸린 시간	분	초
맞힌 개수		/20

정답: p.6

덧셈을 하세요.

① $75 + 9$

② $47 + 8$

③ $25 + 7$

④ $18 + 6$

⑤ $39 + 3$

⑥ $62 + 8$

⑦ $89 + 6$

⑧ $46 + 5$

⑨ $54 + 8$

⑩ $97 + 9$

⑪ $3 + 49$

⑫ $7 + 64$

⑬ $8 + 37$

⑭ $9 + 56$

⑮ $2 + 99$

⑯ $5 + 68$

⑰ $4 + 57$

⑱ $6 + 26$

⑲ $7 + 85$

⑳ $4 + 76$

받아올림이 있는 (두 자리 수)+(한 자리 수)

공부한 날	월	일
걸린 시간	분	초
맞힌 개수		/21

정답: p.6

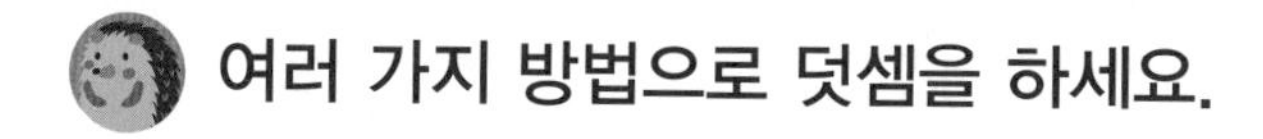
여러 가지 방법으로 덧셈을 하세요.

① $57+8=$

② $4+27=$

③ $46+7=$

④ $59+1=$

⑤ $65+9=$

⑥ $48+9=$

⑦ $99+4=$

⑧ $97+7=$

⑨ $24+6=$

⑩ $85+7=$

⑪ $17+4=$

⑫ $72+9=$

⑬ $3+29=$

⑭ $8+95=$

⑮ $8+63=$

⑯ $7+53=$

⑰ $9+49=$

⑱ $6+35=$

⑲ $38+6=$

⑳ $6+69=$

㉑ $8+68=$

받아내림이 있는 (두 자리 수)-(한 자리 수)

공부한 날	월	일
걸린 시간	분	초
맞힌 개수		/20

정답: p.6

뺄셈을 하세요.

① $82 - 8$

② $28 - 9$

③ $25 - 7$

④ $51 - 6$

⑤ $36 - 9$

⑥ $62 - 7$

⑦ $84 - 6$

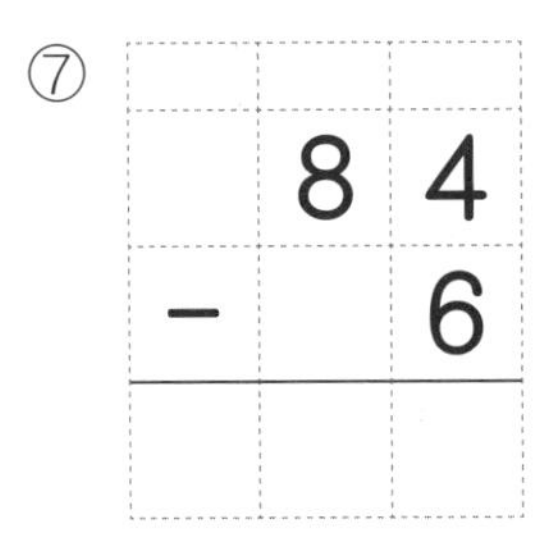

⑧ $67 - 8$

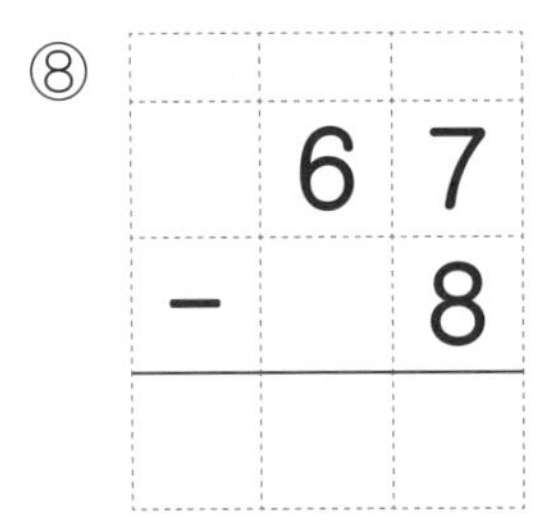

⑨ $81 - 4$

⑩ $70 - 8$

⑪ $31 - 2$

⑫ $96 - 8$

⑬ $71 - 5$

⑭ $20 - 3$

⑮ $63 - 9$

⑯ $44 - 8$

⑰ $80 - 4$

⑱ $43 - 6$

⑲ $94 - 5$

⑳ $82 - 4$

받아내림이 있는 (두 자리 수)-(한 자리 수)

공부한 날	월	일
걸린 시간	분	초
맞힌 개수		/21

정답: p.6

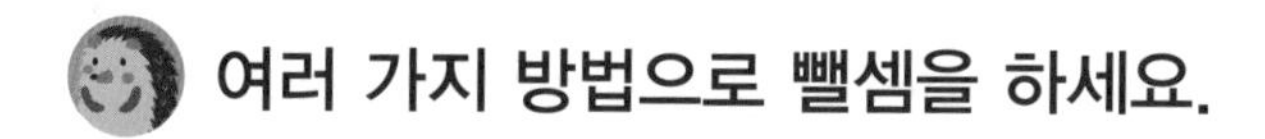

① $21-4=$

② $87-9=$

③ $32-6=$

④ $83-8=$

⑤ $40-2=$

⑥ $52-8=$

⑦ $94-9=$

⑧ $48-9=$

⑨ $90-7=$

⑩ $42-3=$

⑪ $41-6=$

⑫ $45-7=$

⑬ $93-4=$

⑭ $73-5=$

⑮ $31-7=$

⑯ $80-5=$

⑰ $75-8=$

⑱ $26-7=$

⑲ $30-9=$

⑳ $72-4=$

㉑ $53-6=$

받아올림이 한 번 있는 (두 자리 수)+(두 자리 수)

공부한 날	월	일
걸린 시간	분	초
맞힌 개수		/20

정답: p.7

덧셈을 하세요.

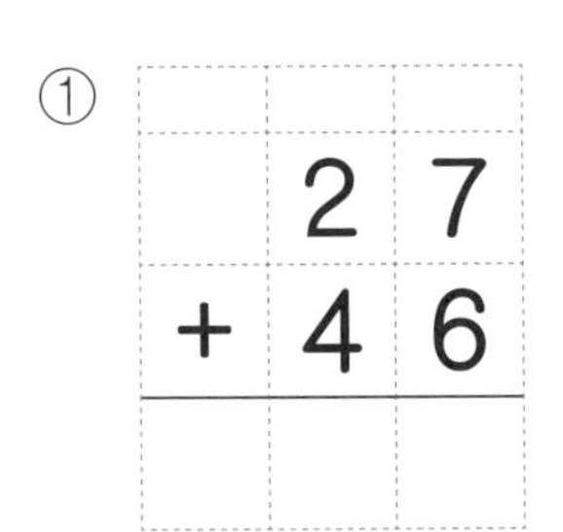

① $27 + 46$

② $48 + 38$

③ $67 + 24$

④ $58 + 27$

⑤ $44 + 16$

⑥ $39 + 22$

⑦ $15 + 77$

⑧ $29 + 25$

⑨ $36 + 59$

⑩ $19 + 39$

⑪ $72 + 47$

⑫ $80 + 54$

⑬ $94 + 35$

⑭ $83 + 25$

⑮ $52 + 94$

⑯ $94 + 83$

⑰ $86 + 72$

⑱ $46 + 81$

⑲ $73 + 72$

⑳ $55 + 63$

받아올림이 한 번 있는 (두 자리 수)+(두 자리 수)

공부한 날	월	일
걸린 시간	분	초
맞힌 개수		/21

정답: p.7

① $76+15=$

② $23+37=$

③ $46+93=$

④ $82+97=$

⑤ $33+48=$

⑥ $37+18=$

⑦ $14+27=$

⑧ $23+82=$

⑨ $49+24=$

⑩ $26+58=$

⑪ $49+46=$

⑫ $98+61=$

⑬ $18+54=$

⑭ $87+31=$

⑮ $19+18=$

⑯ $71+55=$

⑰ $26+66=$

⑱ $53+65=$

⑲ $72+54=$

⑳ $55+39=$

㉑ $75+72=$

받아올림이 두 번 있는 (두 자리 수)+(두 자리 수)

공부한 날	월	일
걸린 시간	분	초
맞힌 개수		/20

정답: p.7

덧셈을 하세요.

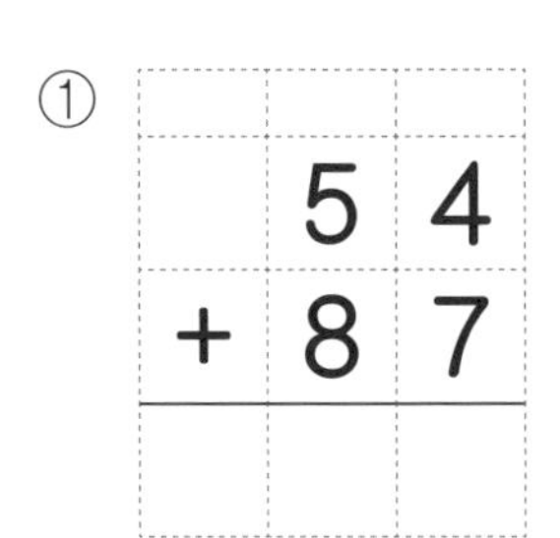

① $54 + 87 =$

② $87 + 46 =$

③ $52 + 99 =$

④ $66 + 68 =$

⑤ $48 + 57 =$

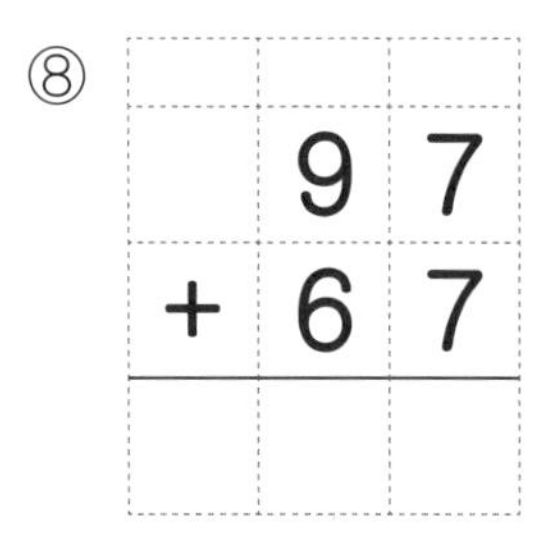

⑥ $76 + 56 =$

⑦ $28 + 98 =$

⑧ $97 + 67 =$

⑨ $19 + 97 =$

⑩ $92 + 48 =$

⑪ $69 + 45 =$

⑫ $79 + 91 =$

⑬ $33 + 69 =$

⑭ $88 + 23 =$

⑮ $45 + 78 =$

⑯ $67 + 55 =$

⑰ $74 + 29 =$

⑱ $85 + 65 =$

⑲ $99 + 88 =$

⑳ $86 + 89 =$

받아올림이 두 번 있는 (두 자리 수)+(두 자리 수)

공부한 날	월	일
걸린 시간	분	초
맞힌 개수		/21

정답: p.7

 여러 가지 방법으로 덧셈을 하세요.

① 35+97=

② 29+78=

③ 78+55=

④ 86+19=

⑤ 65+49=

⑥ 79+32=

⑦ 89+98=

⑧ 94+48=

⑨ 73+79=

⑩ 98+78=

⑪ 49+84=

⑫ 72+68=

⑬ 88+16=

⑭ 57+85=

⑮ 65+75=

⑯ 14+96=

⑰ 67+94=

⑱ 43+58=

⑲ 39+89=

⑳ 96+57=

㉑ 89+65=

무료 동영상강의로
개념을 쉽게 배워보세요!

받아내림이 있는 (두 자리 수)-(두 자리 수)

받아내림이 있는 (두 자리 수)-(두 자리 수)의 계산

일의 자리, 십의 자리 순서로 계산해요.
일의 자리 수끼리 뺄 수 없으면 십의 자리에서 10을 받아내림하여 계산해요.
이때 십의 자리는 받아내림하고 남은 수에서 빼야 해요.

세로로 계산

	4	10
	~~5~~	3
−	3	6
		7

13−6=7

➡

	4	10
	~~5~~	3
−	3	6
	1	7

4−3=1

여러 가지 방법으로 뺄셈

❶ 65에서 20을 먼저 뺀 후 그 결과에 7을 빼요.
❷ 60에서 27을 먼저 뺀 후 그 결과에서 5를 더해요.

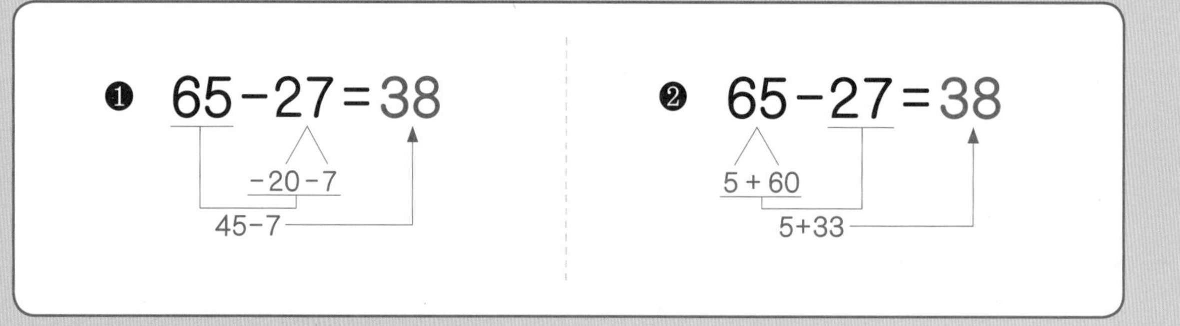

하나. 받아내림이 있는 (두 자리 수)-(두 자리 수)의 계산을 공부합니다.
둘. 받아내림의 원리를 정확하게 이해하고 계산할 수 있도록 반복하여 지도합니다.

받아내림이 있는 (두 자리 수)-(두 자리 수)

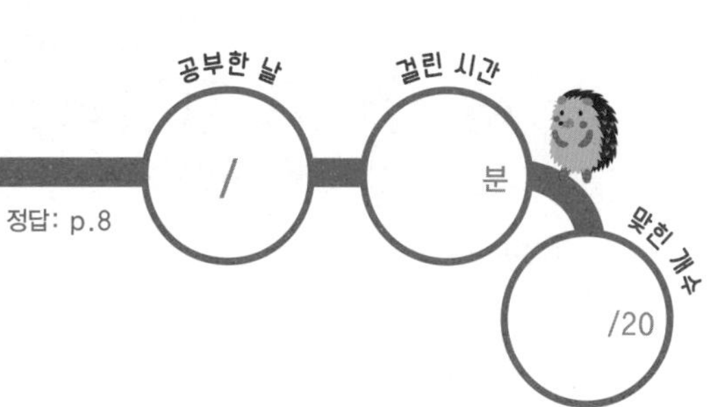

정답: p.8

빨셈을 하세요.

① $26 - 19$

② $35 - 18$

③ $40 - 25$

④ $51 - 12$

⑤ $52 - 38$

⑥ $56 - 27$

⑦ $61 - 13$

⑧ $62 - 54$

⑨ $67 - 39$

⑩ $71 - 26$

⑪ $72 - 35$

⑫ $73 - 54$

⑬ $80 - 42$

⑭ $81 - 75$

⑮ $83 - 57$

⑯ $84 - 16$

⑰ $85 - 27$

⑱ $90 - 69$

⑲ $91 - 46$

⑳ $93 - 38$

2 받아내림이 있는 (두 자리 수)-(두 자리 수)

공부한 날 / 걸린 시간 분 맞힌 개수 /30

정답: p.8

여러 가지 방법으로 뺄셈을 하세요.

① 20-15=
② 71-12=
③ 62-37=
④ 52-35=
⑤ 53-26=
⑥ 74-69=
⑦ 61-19=
⑧ 80-23=
⑨ 76-57=
⑩ 85-18=

⑪ 94-68=
⑫ 60-53=
⑬ 48-39=
⑭ 40-22=
⑮ 75-36=
⑯ 51-13=
⑰ 80-58=
⑱ 93-19=
⑲ 81-25=
⑳ 43-14=

㉑ 67-28=
㉒ 85-49=
㉓ 50-44=
㉔ 72-24=
㉕ 62-18=
㉖ 91-32=
㉗ 36-18=
㉘ 93-27=
㉙ 32-29=
㉚ 84-35=

받아내림이 있는 (두 자리 수)-(두 자리 수)

공부한 날 /
걸린 시간 분
맞힌 개수 /20

정답: p.8

뺄셈을 하세요.

① $25 - 16$

② $40 - 27$

③ $44 - 16$

④ $52 - 29$

⑤ $56 - 48$

⑥ $60 - 36$

⑦ $61 - 14$

⑧ $64 - 25$

⑨ $71 - 67$

⑩ $73 - 15$

⑪ $73 - 59$

⑫ $81 - 45$

⑬ $82 - 67$

⑭ $83 - 28$

⑮ $84 - 37$

⑯ $90 - 53$

⑰ $91 - 38$

⑱ $92 - 13$

⑲ $95 - 49$

⑳ $97 - 78$

4 받아내림이 있는 (두 자리 수)-(두 자리 수)

공부한 날 /
걸린 시간 분
맞힌 개수 /30

정답: p.8

여러 가지 방법으로 뺄셈을 하세요.

① 22-15=

② 71-39=

③ 55-36=

④ 80-65=

⑤ 94-88=

⑥ 61-42=

⑦ 92-24=

⑧ 83-17=

⑨ 35-28=

⑩ 70-14=

⑪ 42-37=

⑫ 67-59=

⑬ 80-21=

⑭ 91-18=

⑮ 50-46=

⑯ 68-19=

⑰ 62-28=

⑱ 56-29=

⑲ 91-46=

⑳ 74-26=

㉑ 53-16=

㉒ 92-59=

㉓ 46-17=

㉔ 90-32=

㉕ 41-25=

㉖ 60-37=

㉗ 31-13=

㉘ 74-49=

㉙ 86-38=

㉚ 93-74=

받아내림이 있는 (두 자리 수)-(두 자리 수)

공부한 날 /
걸린 시간 분
맞힌 개수 /20

정답: p.8

빼셈을 하세요.

① 34 − 19 =

② 53 − 27 =

③ 70 − 15 =

④ 81 − 48 =

⑤ 92 − 57 =

⑥ 44 − 26 =

⑦ 61 − 53 =

⑧ 73 − 34 =

⑨ 84 − 66 =

⑩ 93 − 45 =

⑪ 46 − 37 =

⑫ 62 − 35 =

⑬ 74 − 28 =

⑭ 85 − 17 =

⑮ 95 − 79 =

⑯ 50 − 24 =

⑰ 63 − 49 =

⑱ 80 − 46 =

⑲ 88 − 59 =

⑳ 97 − 38 =

6 받아내림이 있는 (두 자리 수)-(두 자리 수)

공부한 날 /
걸린 시간 분
맞힌 개수 /30

정답: p.8

여러 가지 방법으로 뺄셈을 하세요.

① $50-42=$

② $87-28=$

③ $94-57=$

④ $73-68=$

⑤ $91-79=$

⑥ $96-17=$

⑦ $32-23=$

⑧ $74-36=$

⑨ $65-49=$

⑩ $33-15=$

⑪ $91-27=$

⑫ $83-34=$

⑬ $62-29=$

⑭ $86-78=$

⑮ $97-49=$

⑯ $80-69=$

⑰ $71-15=$

⑱ $68-59=$

⑲ $40-17=$

⑳ $81-53=$

㉑ $70-56=$

㉒ $44-39=$

㉓ $73-47=$

㉔ $45-26=$

㉕ $50-35=$

㉖ $61-38=$

㉗ $92-67=$

㉘ $55-18=$

㉙ $90-82=$

㉚ $82-46=$

받아내림이 있는 (두 자리 수)-(두 자리 수)

공부한 날 /

걸린 시간 분

맞힌 개수 /20

정답: p.8

빨셈을 하세요.

① $\begin{array}{r} 43 \\ -\ 35 \\ \hline \end{array}$

② $\begin{array}{r} 60 \\ -\ 48 \\ \hline \end{array}$

③ $\begin{array}{r} 72 \\ -\ 63 \\ \hline \end{array}$

④ $\begin{array}{r} 83 \\ -\ 66 \\ \hline \end{array}$

⑤ $\begin{array}{r} 92 \\ -\ 28 \\ \hline \end{array}$

⑥ $\begin{array}{r} 46 \\ -\ 18 \\ \hline \end{array}$

⑦ $\begin{array}{r} 68 \\ -\ 29 \\ \hline \end{array}$

⑧ $\begin{array}{r} 74 \\ -\ 47 \\ \hline \end{array}$

⑨ $\begin{array}{r} 84 \\ -\ 78 \\ \hline \end{array}$

⑩ $\begin{array}{r} 93 \\ -\ 75 \\ \hline \end{array}$

⑪ $\begin{array}{r} 51 \\ -\ 29 \\ \hline \end{array}$

⑫ $\begin{array}{r} 71 \\ -\ 34 \\ \hline \end{array}$

⑬ $\begin{array}{r} 80 \\ -\ 51 \\ \hline \end{array}$

⑭ $\begin{array}{r} 86 \\ -\ 37 \\ \hline \end{array}$

⑮ $\begin{array}{r} 94 \\ -\ 86 \\ \hline \end{array}$

⑯ $\begin{array}{r} 54 \\ -\ 36 \\ \hline \end{array}$

⑰ $\begin{array}{r} 72 \\ -\ 16 \\ \hline \end{array}$

⑱ $\begin{array}{r} 81 \\ -\ 27 \\ \hline \end{array}$

⑲ $\begin{array}{r} 90 \\ -\ 15 \\ \hline \end{array}$

⑳ $\begin{array}{r} 95 \\ -\ 59 \\ \hline \end{array}$

8 받아내림이 있는 (두 자리 수)-(두 자리 수)

공부한 날 /
걸린 시간 분
맞힌 개수 /30

정답: p.8

여러 가지 방법으로 뺄셈을 하세요.

① 57-49=

② 70-25=

③ 66-39=

④ 83-47=

⑤ 55-27=

⑥ 94-17=

⑦ 70-31=

⑧ 92-49=

⑨ 75-58=

⑩ 50-19=

⑪ 86-28=

⑫ 95-56=

⑬ 61-29=

⑭ 97-38=

⑮ 44-25=

⑯ 51-36=

⑰ 82-14=

⑱ 90-77=

⑲ 72-66=

⑳ 88-79=

㉑ 80-62=

㉒ 75-19=

㉓ 64-17=

㉔ 81-32=

㉕ 92-68=

㉖ 60-53=

㉗ 93-89=

㉘ 91-24=

㉙ 83-55=

㉚ 62-43=

무료 동영상강의로
개념을 쉽게 배워보세요!

(두 자리 수)±(두 자리 수)

(두 자리 수)+(두 자리 수)의 계산

일의 자리, 십의 자리 순서로 계산해요.
받아올림이 있으면 받아올림한 수를 잊지 말고 더해요.

세로로 계산

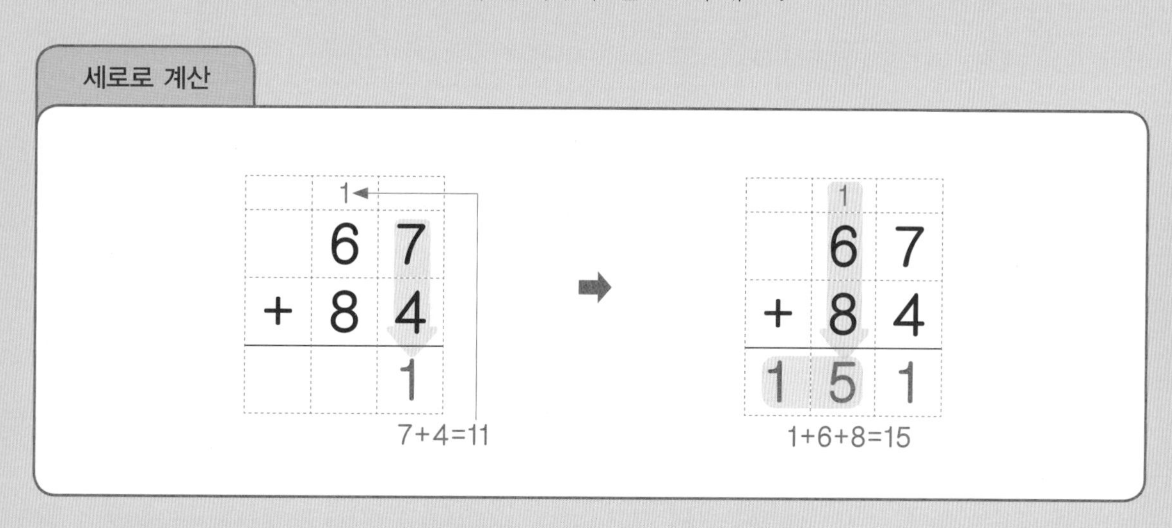

(두 자리 수)-(두 자리 수)의 계산

일의 자리, 십의 자리 순서로 계산해요.
받아내림이 있으면 십의 자리는 받아내림하고 남은 수에서 빼요.

세로로 계산

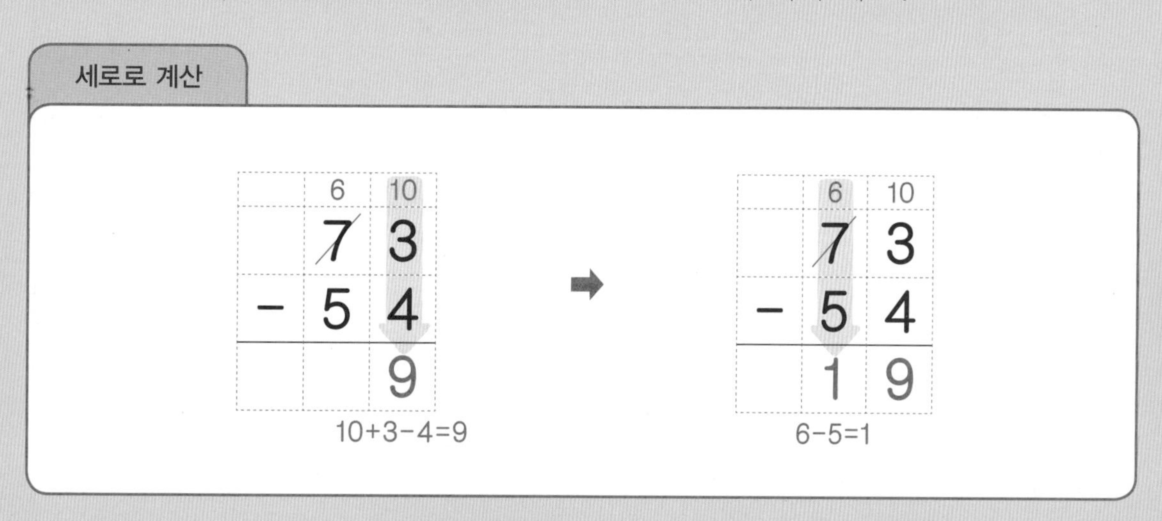

하나. (두 자리 수)±(두 자리 수)의 계산을 공부합니다.
둘. 받아올림과 받아내림의 원리를 정확히 이해하고 익숙하게 계산할 수 있도록 지도합니다.

1 (두 자리 수)±(두 자리 수)

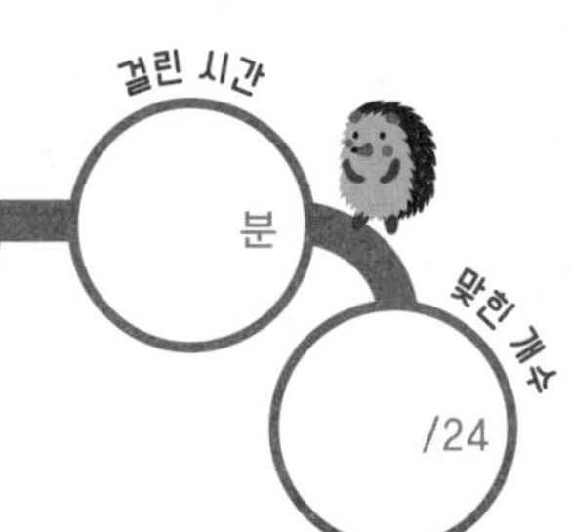

정답: p.9

계산을 하세요.

① $12 + 56$

② $13 + 42$

③ $16 + 54$

④ $23 + 69$

⑤ $30 + 25$

⑥ $34 + 84$

⑦ $47 + 45$

⑧ $48 + 51$

⑨ $55 + 92$

⑩ $62 + 73$

⑪ $76 + 68$

⑫ $85 + 49$

⑬ $21 - 13$

⑭ $34 - 19$

⑮ $42 - 25$

⑯ $47 - 15$

⑰ $56 - 28$

⑱ $58 - 23$

⑲ $60 - 34$

⑳ $65 - 31$

㉑ $73 - 47$

㉒ $79 - 36$

㉓ $86 - 52$

㉔ $94 - 10$

2 (두 자리 수)±(두 자리 수)

공부한 날 /
걸린 시간 분
맞힌 개수 /30

정답: p.9

계산을 하세요.

① $14+38=$

② $39+42=$

③ $45+33=$

④ $80-32=$

⑤ $65+83=$

⑥ $73+57=$

⑦ $52+18=$

⑧ $44-27=$

⑨ $67-39=$

⑩ $23-18=$

⑪ $37-25=$

⑫ $11+53=$

⑬ $91-44=$

⑭ $57+42=$

⑮ $72-25=$

⑯ $28-12=$

⑰ $52-26=$

⑱ $32+41=$

⑲ $35-19=$

⑳ $69-36=$

㉑ $56+21=$

㉒ $81+46=$

㉓ $74+30=$

㉔ $53-21=$

㉕ $46-20=$

㉖ $28+89=$

㉗ $25+24=$

㉘ $75-32=$

㉙ $67+34=$

㉚ $84-43=$

(두 자리 수)±(두 자리 수)

공부한 날 /
걸린 시간 분
맞힌 개수 /24

정답: p.9

계산을 하세요.

① $\begin{array}{r} 14 \\ +\ 45 \\ \hline \end{array}$

② $\begin{array}{r} 17 \\ +\ 48 \\ \hline \end{array}$

③ $\begin{array}{r} 23 \\ +\ 34 \\ \hline \end{array}$

④ $\begin{array}{r} 30 \\ +\ 53 \\ \hline \end{array}$

⑤ $\begin{array}{r} 36 \\ +\ 29 \\ \hline \end{array}$

⑥ $\begin{array}{r} 43 \\ +\ 37 \\ \hline \end{array}$

⑦ $\begin{array}{r} 46 \\ +\ 32 \\ \hline \end{array}$

⑧ $\begin{array}{r} 59 \\ +\ 81 \\ \hline \end{array}$

⑨ $\begin{array}{r} 64 \\ +\ 63 \\ \hline \end{array}$

⑩ $\begin{array}{r} 75 \\ +\ 26 \\ \hline \end{array}$

⑪ $\begin{array}{r} 88 \\ +\ 41 \\ \hline \end{array}$

⑫ $\begin{array}{r} 95 \\ +\ 32 \\ \hline \end{array}$

⑬ $\begin{array}{r} 25 \\ -\ 14 \\ \hline \end{array}$

⑭ $\begin{array}{r} 38 \\ -\ 15 \\ \hline \end{array}$

⑮ $\begin{array}{r} 45 \\ -\ 37 \\ \hline \end{array}$

⑯ $\begin{array}{r} 49 \\ -\ 36 \\ \hline \end{array}$

⑰ $\begin{array}{r} 51 \\ -\ 24 \\ \hline \end{array}$

⑱ $\begin{array}{r} 54 \\ -\ 32 \\ \hline \end{array}$

⑲ $\begin{array}{r} 62 \\ -\ 18 \\ \hline \end{array}$

⑳ $\begin{array}{r} 67 \\ -\ 40 \\ \hline \end{array}$

㉑ $\begin{array}{r} 76 \\ -\ 29 \\ \hline \end{array}$

㉒ $\begin{array}{r} 77 \\ -\ 23 \\ \hline \end{array}$

㉓ $\begin{array}{r} 83 \\ -\ 34 \\ \hline \end{array}$

㉔ $\begin{array}{r} 90 \\ -\ 45 \\ \hline \end{array}$

(두 자리 수)±(두 자리 수)

공부한 날 /

걸린 시간 분

맞힌 개수 /30

정답: p.9

계산을 하세요.

① $19+42=$

② $43+36=$

③ $28-15=$

④ $87-38=$

⑤ $76+63=$

⑥ $66-32=$

⑦ $25+52=$

⑧ $53-28=$

⑨ $97-54=$

⑩ $26-17=$

⑪ $78-49=$

⑫ $25+67=$

⑬ $34-10=$

⑭ $64+28=$

⑮ $59-46=$

⑯ $53+82=$

⑰ $72-41=$

⑱ $69+36=$

⑲ $31-16=$

⑳ $57+94=$

㉑ $74+12=$

㉒ $64-35=$

㉓ $68+14=$

㉔ $32+45=$

㉕ $78+52=$

㉖ $42-24=$

㉗ $92+20=$

㉘ $80-57=$

㉙ $13+61=$

㉚ $45-23=$

(두 자리 수)±(두 자리 수)

정답: p.9

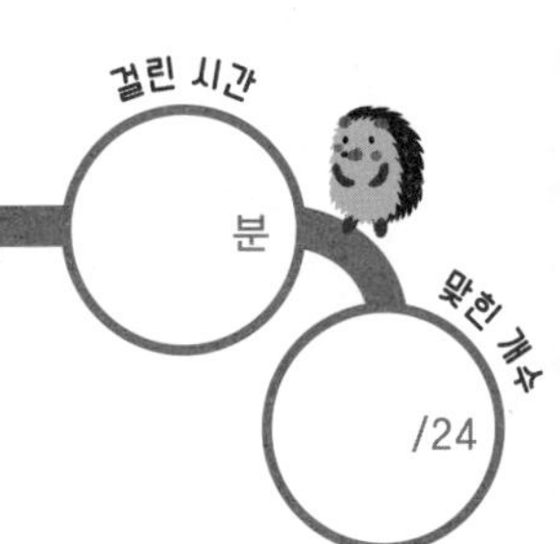

계산을 하세요.

① $15 + 72$

② $42 + 34$

③ $61 + 87$

④ $42 - 27$

⑤ $56 - 34$

⑥ $74 - 46$

⑦ $24 + 67$

⑧ $47 + 18$

⑨ $75 + 35$

⑩ $46 - 23$

⑪ $65 - 39$

⑫ $87 - 16$

⑬ $31 + 59$

⑭ $53 + 70$

⑮ $88 + 27$

⑯ $50 - 21$

⑰ $68 - 28$

⑱ $89 - 44$

⑲ $36 + 23$

⑳ $57 + 41$

㉑ $94 + 62$

㉒ $54 - 42$

㉓ $71 - 57$

㉔ $93 - 35$

(두 자리 수)±(두 자리 수)

공부한 날 /
걸린 시간 분
맞힌 개수 /30

정답: p.9

계산을 하세요.

① $48-19=$

② $65+86=$

③ $93+37=$

④ $46+51=$

⑤ $63-26=$

⑥ $67-34=$

⑦ $89-46=$

⑧ $76-42=$

⑨ $64+13=$

⑩ $18+64=$

⑪ $56+75=$

⑫ $50-34=$

⑬ $96+48=$

⑭ $76-58=$

⑮ $71+33=$

⑯ $95-28=$

⑰ $64+45=$

⑱ $82-73=$

⑲ $29+26=$

⑳ $84-37=$

㉑ $43+27=$

㉒ $32+54=$

㉓ $57-15=$

㉔ $82+56=$

㉕ $96-63=$

㉖ $20+58=$

㉗ $71-45=$

㉘ $45-21=$

㉙ $63-33=$

㉚ $21+68=$

(두 자리 수)±(두 자리 수)

공부한 날 /
걸린 시간 분
맞힌 개수 /24

정답: p.9

계산을 하세요.

① $\begin{array}{r} 34 \\ +\ 24 \\ \hline \end{array}$

② $\begin{array}{r} 53 \\ +\ 14 \\ \hline \end{array}$

③ $\begin{array}{r} 72 \\ +\ 25 \\ \hline \end{array}$

④ $\begin{array}{r} 46 \\ -\ 12 \\ \hline \end{array}$

⑤ $\begin{array}{r} 60 \\ -\ 32 \\ \hline \end{array}$

⑥ $\begin{array}{r} 83 \\ -\ 38 \\ \hline \end{array}$

⑦ $\begin{array}{r} 35 \\ +\ 45 \\ \hline \end{array}$

⑧ $\begin{array}{r} 59 \\ +\ 60 \\ \hline \end{array}$

⑨ $\begin{array}{r} 76 \\ +\ 93 \\ \hline \end{array}$

⑩ $\begin{array}{r} 49 \\ -\ 26 \\ \hline \end{array}$

⑪ $\begin{array}{r} 63 \\ -\ 45 \\ \hline \end{array}$

⑫ $\begin{array}{r} 87 \\ -\ 64 \\ \hline \end{array}$

⑬ $\begin{array}{r} 42 \\ +\ 56 \\ \hline \end{array}$

⑭ $\begin{array}{r} 64 \\ +\ 36 \\ \hline \end{array}$

⑮ $\begin{array}{r} 87 \\ +\ 49 \\ \hline \end{array}$

⑯ $\begin{array}{r} 57 \\ -\ 17 \\ \hline \end{array}$

⑰ $\begin{array}{r} 72 \\ -\ 21 \\ \hline \end{array}$

⑱ $\begin{array}{r} 94 \\ -\ 67 \\ \hline \end{array}$

⑲ $\begin{array}{r} 48 \\ +\ 23 \\ \hline \end{array}$

⑳ $\begin{array}{r} 67 \\ +\ 18 \\ \hline \end{array}$

㉑ $\begin{array}{r} 91 \\ +\ 85 \\ \hline \end{array}$

㉒ $\begin{array}{r} 58 \\ -\ 49 \\ \hline \end{array}$

㉓ $\begin{array}{r} 76 \\ -\ 38 \\ \hline \end{array}$

㉔ $\begin{array}{r} 98 \\ -\ 84 \\ \hline \end{array}$

8 (두 자리 수)±(두 자리 수)

공부한 날 /
걸린 시간 분
맞힌 개수 /30

정답: p.9

계산을 하세요.

① $56-19=$

② $69+65=$

③ $57-32=$

④ $34+54=$

⑤ $75-21=$

⑥ $64+43=$

⑦ $73-63=$

⑧ $14+63=$

⑨ $70-46=$

⑩ $23+49=$

⑪ $98+72=$

⑫ $62-34=$

⑬ $56+78=$

⑭ $85-77=$

⑮ $75+62=$

⑯ $86-54=$

⑰ $59+28=$

⑱ $99-27=$

⑲ $83+76=$

⑳ $44-25=$

㉑ $64-39=$

㉒ $70+26=$

㉓ $91-65=$

㉔ $27+56=$

㉕ $64-43=$

㉖ $48+31=$

㉗ $83-58=$

㉘ $31+39=$

㉙ $48-15=$

㉚ $85+12=$

(세 자리 수)±(두 자리 수)

(세 자리 수)+(두 자리 수)의 계산

일의 자리, 십의 자리, 백의 자리 순서로 더해요.
받아올림이 있으면 받아올림한 수를 빠뜨리지 않고 더해요.

세로로 계산

1	1	1	
	9	8	6
+		5	7
1	0	4	3

일의 자리: 6+7=13
십의 자리: 1+8+5=14
백의 자리: 1+9=10

가로로 계산

986+57=1043

1	1	1	
	9	8	6
+		5	7
1	0	4	3

(세 자리 수)−(두 자리 수)의 계산

일의 자리, 십의 자리, 백의 자리 순서로 빼요.
각 자리 숫자끼리 뺄 수 없으면 바로 윗자리에서 받아내림해요.

세로로 계산

	3	11	10
	~~4~~	~~2~~	5
−		6	8
	3	5	7

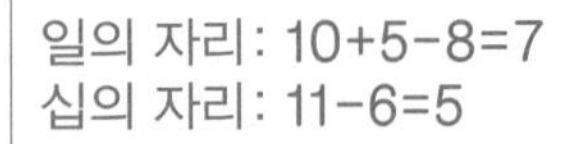
일의 자리: 10+5−8=7
십의 자리: 11−6=5

가로로 계산

425−68=357

	3	11	10
	~~4~~	~~2~~	5
−		6	8
	3	5	7

하나. (세 자리 수)±(두 자리 수)의 계산을 공부합니다.
둘. 받아올림과 받아내림에 주의해서 계산할 수 있도록 지도합니다.

(세 자리 수)±(두 자리 수)

공부한 날 / 걸린 시간 분 맞힌 개수 /15

정답: p.10

덧셈을 하세요.

①
$$\begin{array}{r} 122 \\ +\ 53 \\ \hline \end{array}$$

②
$$\begin{array}{r} 143 \\ +\ 37 \\ \hline \end{array}$$

③
$$\begin{array}{r} 185 \\ +\ 24 \\ \hline \end{array}$$

④
$$\begin{array}{r} 273 \\ +\ 72 \\ \hline \end{array}$$

⑤
$$\begin{array}{r} 280 \\ +\ 32 \\ \hline \end{array}$$

⑥
$$\begin{array}{r} 1 \\ 317 \\ +\ 76 \\ \hline \end{array}$$

⑦
$$\begin{array}{r} 386 \\ +\ 59 \\ \hline \end{array}$$

⑧
$$\begin{array}{r} 348 \\ +\ 68 \\ \hline \end{array}$$

⑨
$$\begin{array}{r} 357 \\ +\ 21 \\ \hline \end{array}$$

⑩
$$\begin{array}{r} 431 \\ +\ 46 \\ \hline \end{array}$$

⑪
$$\begin{array}{r} 11 \\ 468 \\ +\ 54 \\ \hline \end{array}$$

⑫
$$\begin{array}{r} 475 \\ +\ 29 \\ \hline \end{array}$$

⑬
$$\begin{array}{r} 854 \\ +\ 83 \\ \hline \end{array}$$

⑭
$$\begin{array}{r} 945 \\ +\ 87 \\ \hline \end{array}$$

⑮
$$\begin{array}{r} 964 \\ +\ 95 \\ \hline \end{array}$$

(세 자리 수)±(두 자리 수)

정답: p.10

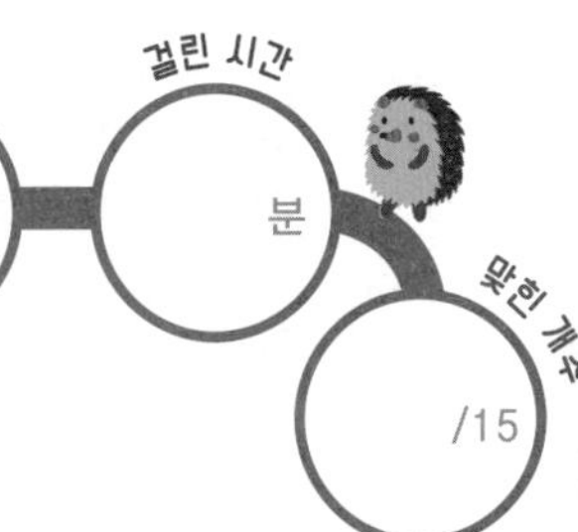

덧셈을 하세요.

① 754+26

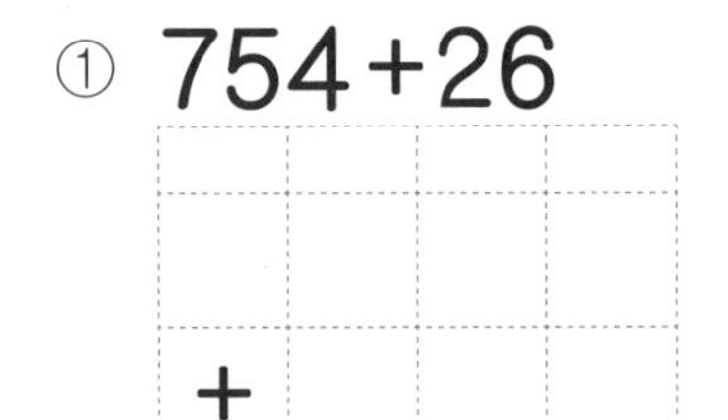

② 352+45

③ 563+14

④ 823+79

⑤ 976+38

⑥ 421+52

⑦ 940+89

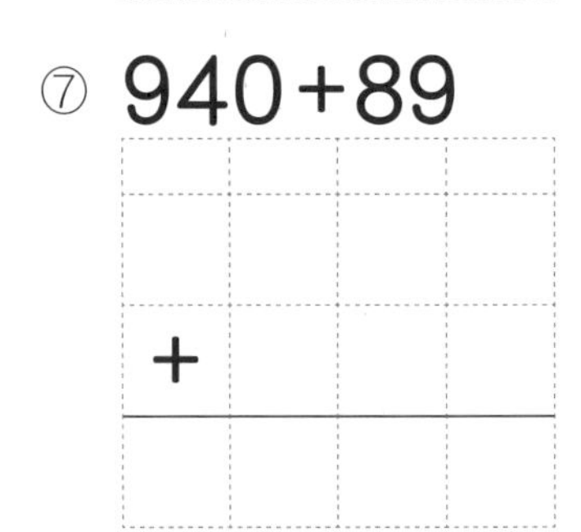

⑧ 107+35

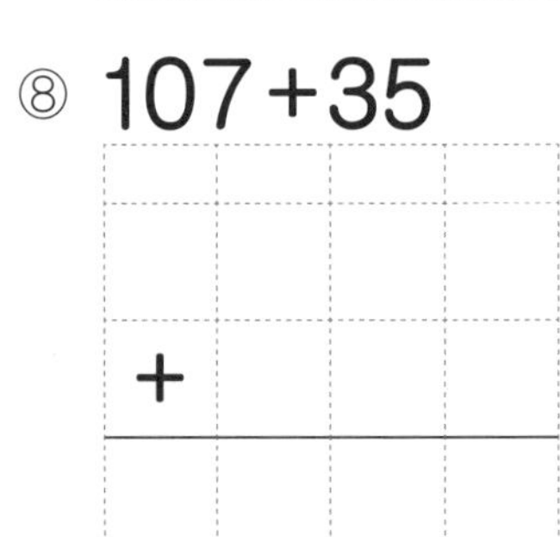

⑨ 462+93

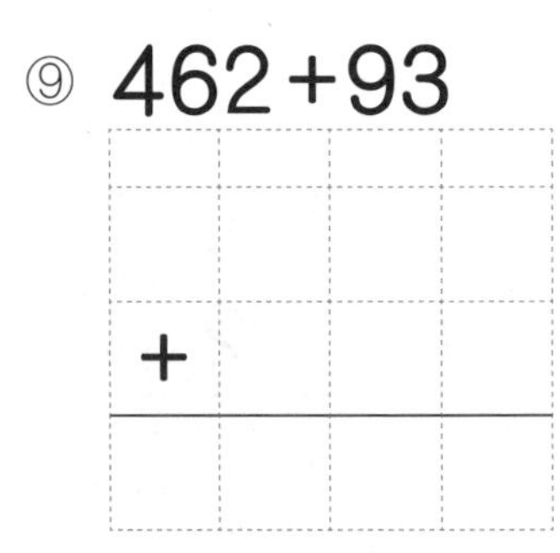

⑩ 115+23

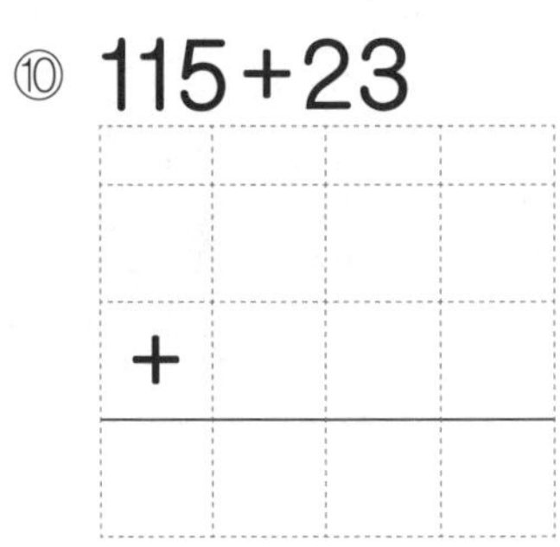

⑪ 535+68

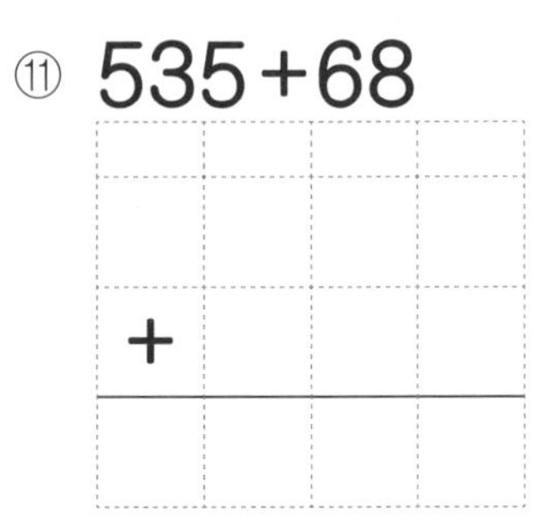

⑫ 384+64

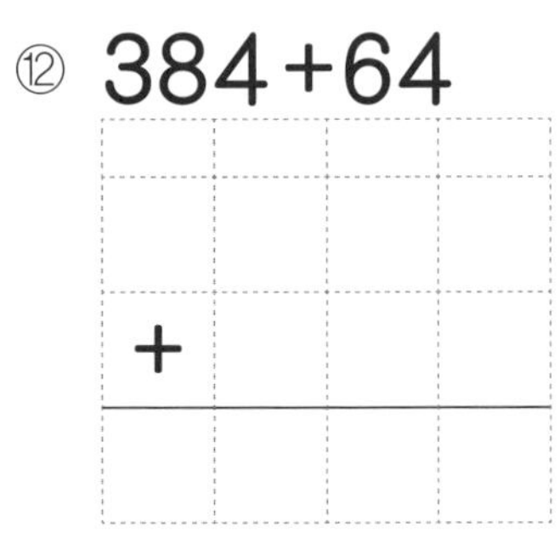

⑬ 746+82

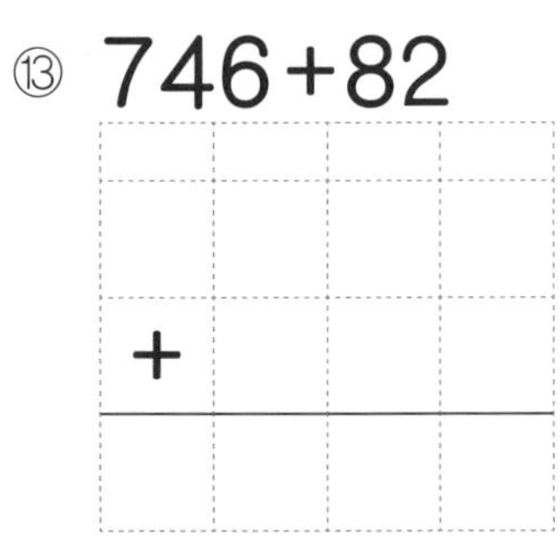

⑭ 698+57

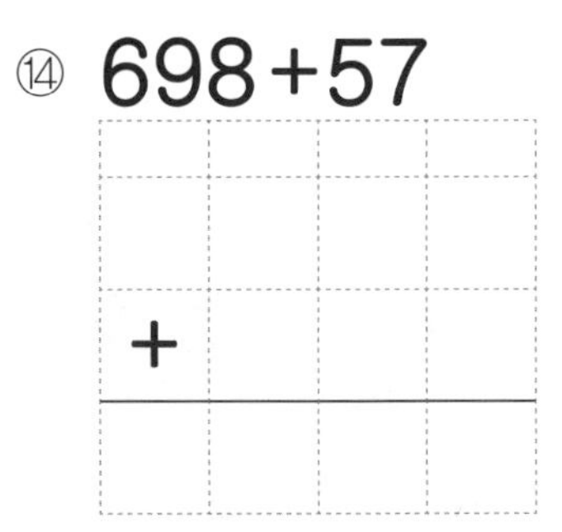

⑮ 479+46

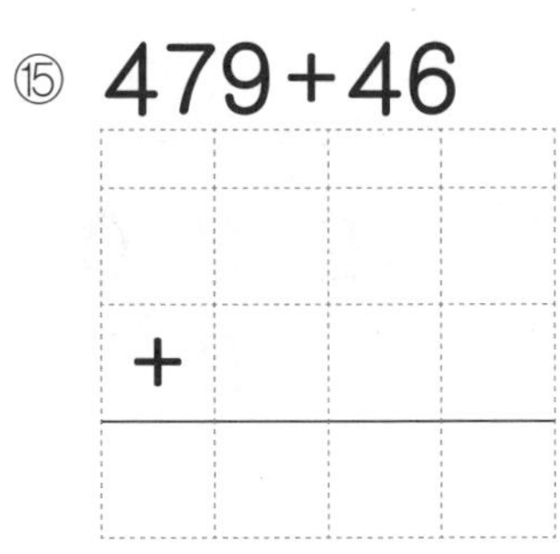

(세 자리 수)±(두 자리 수)

공부한 날 / 걸린 시간 분 맞힌 개수 /15

정답: p.10

빨셈을 하세요.

①
	1	3	8
−		3	7

②
	1	8	6
−		9	2

③
	2	4	6
−		2	8

④
	2	9	4
−		4	9

⑤
	3	0	3
−		4	2

⑥
		6	10
	3	~~7~~	1
−		5	6

⑦
	4	0	0
−		1	3

⑧
	4	5	2
−		8	9

⑨
	4	8	7
−		6	7

⑩
	5	3	0
−		7	5

⑪
	4	15	10
	~~5~~	~~6~~	3
−		8	4

⑫
	6	7	0
−		2	4

⑬
	6	7	9
−		3	6

⑭
	7	2	5
−		6	3

⑮
	8	9	2
−		3	4

(세 자리 수)±(두 자리 수)

공부한 날 /

걸린 시간 분

맞힌 개수 /15

정답: p.10

빼셈을 하세요.

① 834−71

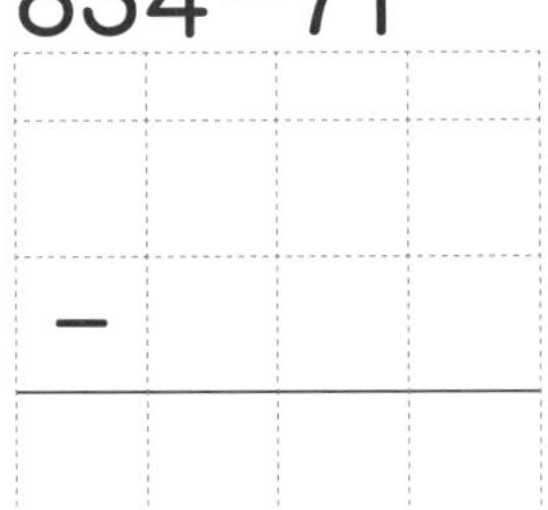

② 605−86

③ 294−42

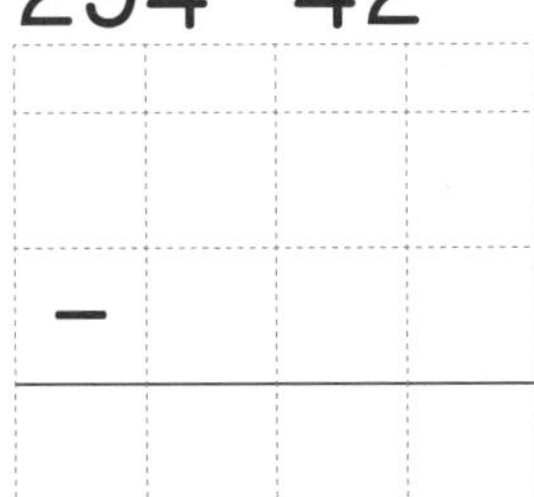

④ 373−29

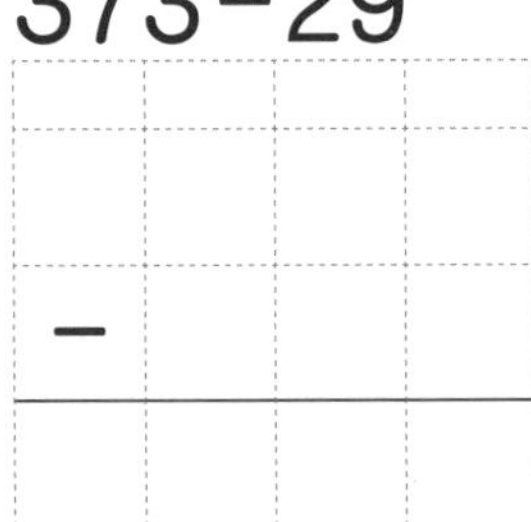

⑤ 265−37

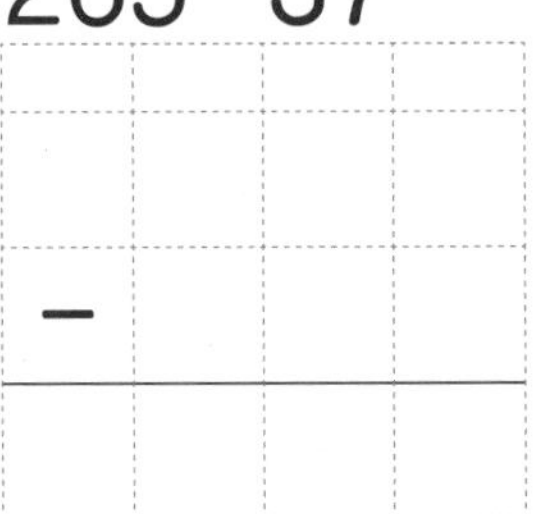

⑥ 459−36

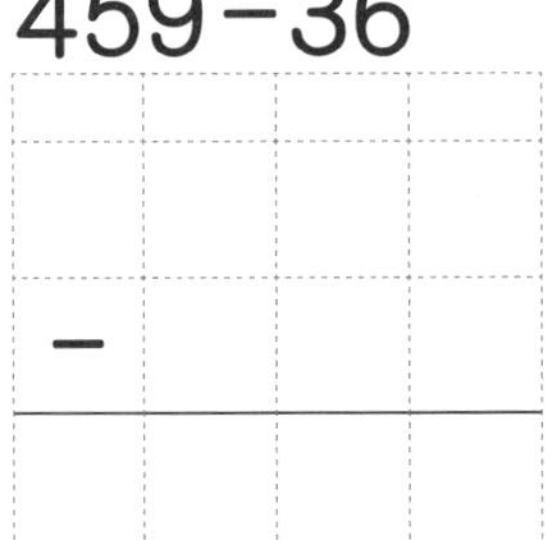

⑦ 526−13

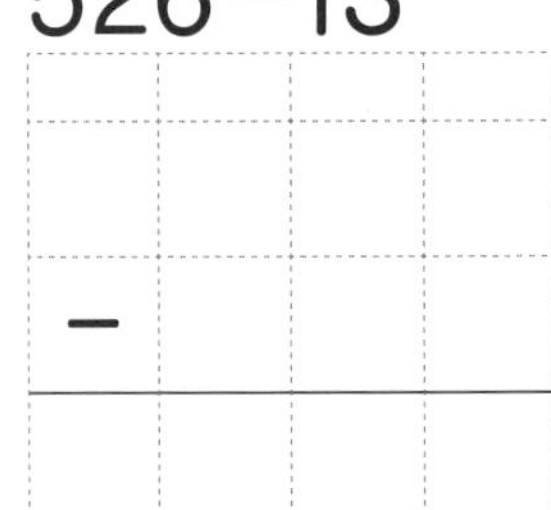

⑧ 108−64

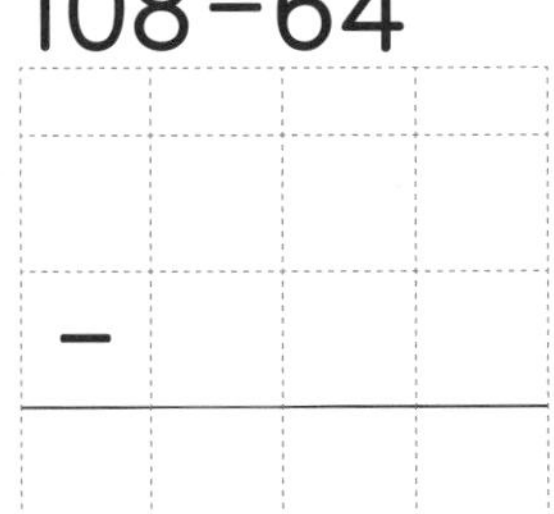

⑨ 720−47

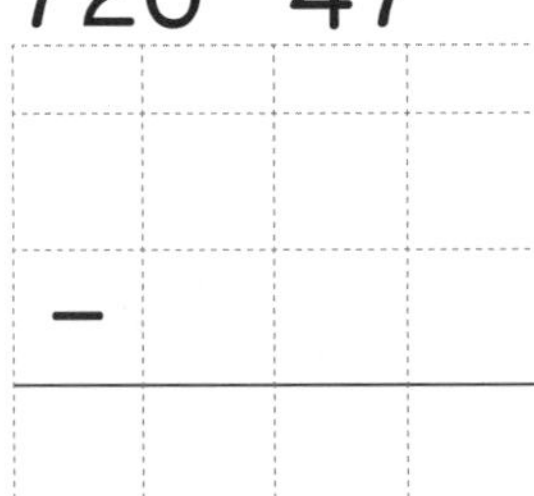

⑩ 500−24

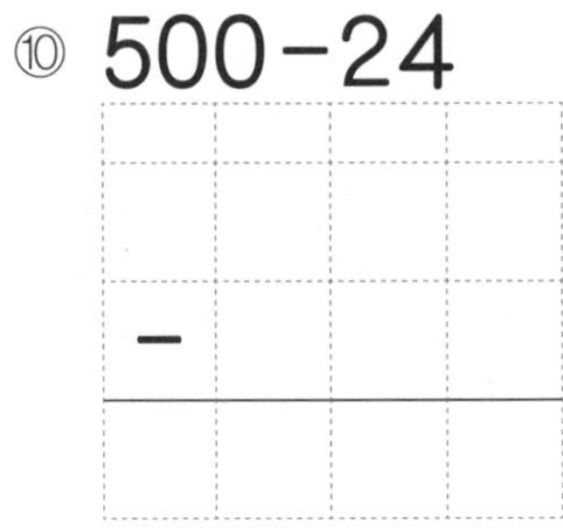

⑪ 782−56

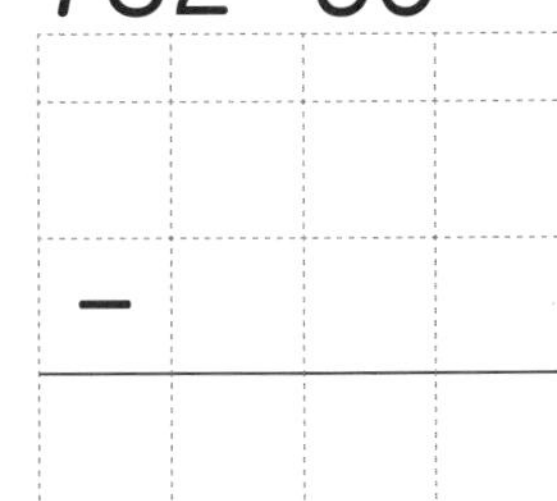

⑫ 142−68

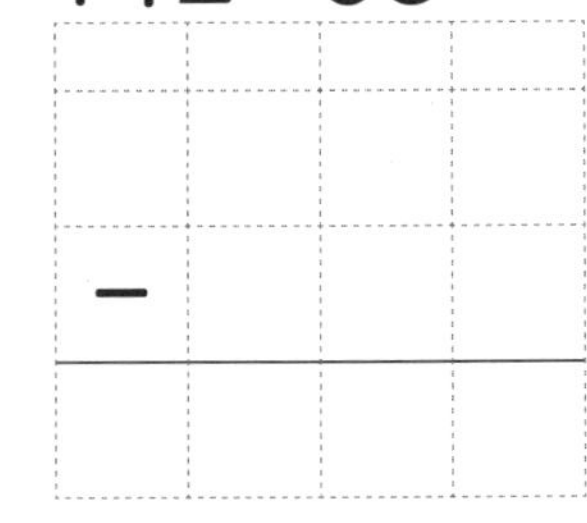

⑬ 870−52

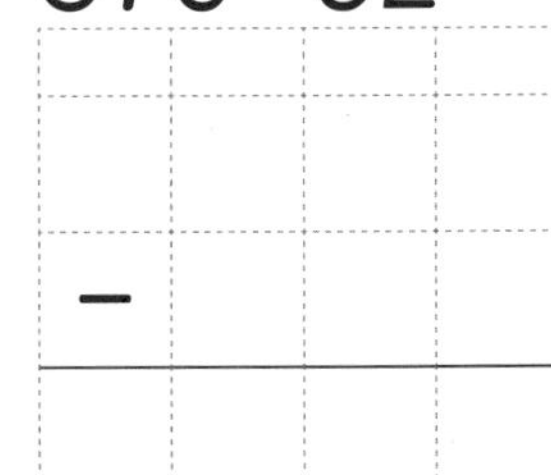

⑭ 416−95

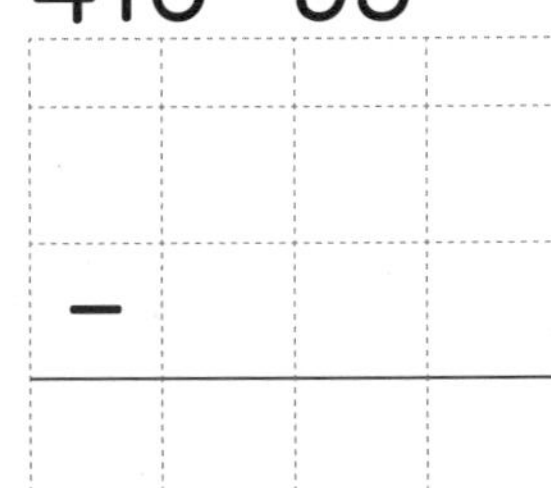

⑮ 968−50

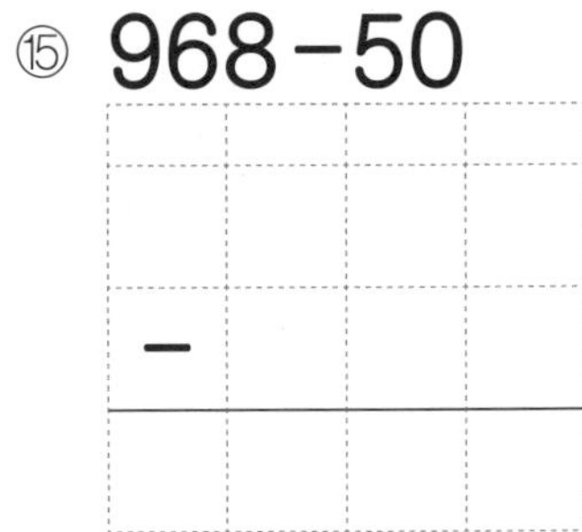

(세 자리 수)±(두 자리 수)

공부한 날 /
걸린 시간 분
맞힌 개수 /15

정답: p.10

덧셈을 하세요.

① $109 + 71$

⑥ $156 + 32$

⑪ $257 + 95$

② $264 + 25$

⑦ $339 + 63$

⑫ $410 + 47$

③ $428 + 45$

⑧ $471 + 38$

⑬ $532 + 68$

④ $537 + 54$

⑨ $748 + 86$

⑭ $782 + 94$

⑤ $863 + 76$

⑩ $935 + 72$

⑮ $986 + 49$

6 (세 자리 수)±(두 자리 수)

공부한 날 /

걸린 시간 분

맞힌 개수 /15

정답: p.10

덧셈을 하세요.

① 572+66

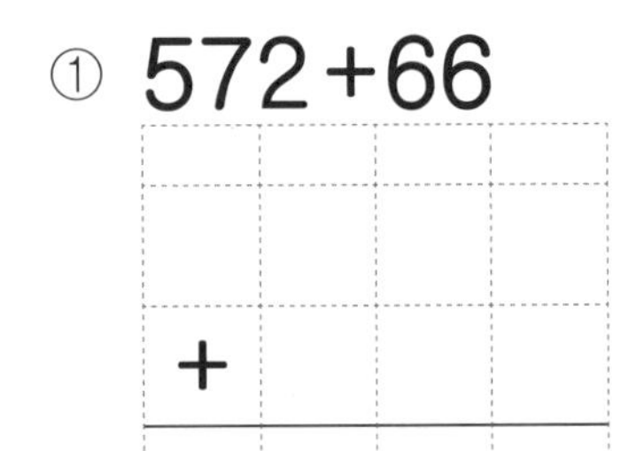

② 165+27

+

③ 959+76

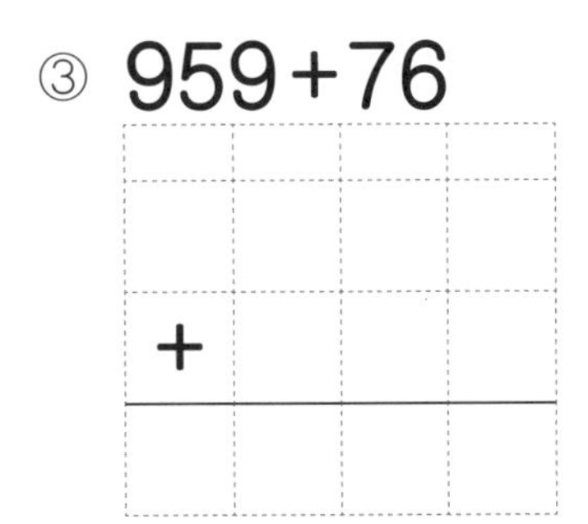

④ 236+34

+

⑤ 848+59

+

⑥ 363+24

+

⑦ 504+75

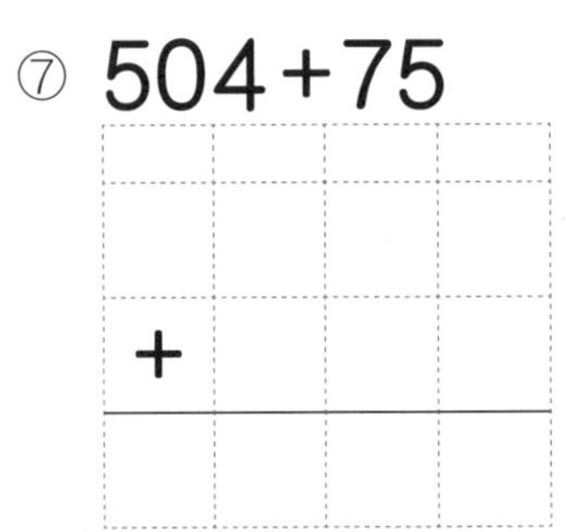

⑧ 617+57

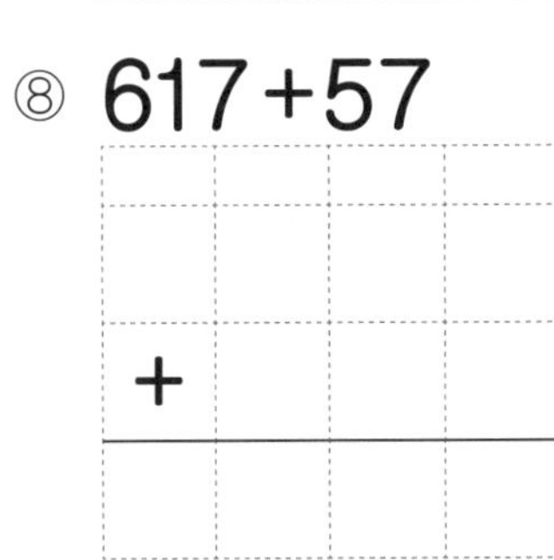

⑨ 421+45

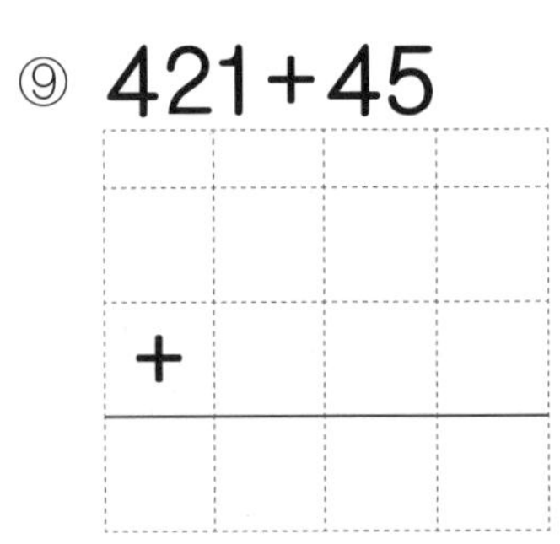

⑩ 982+64

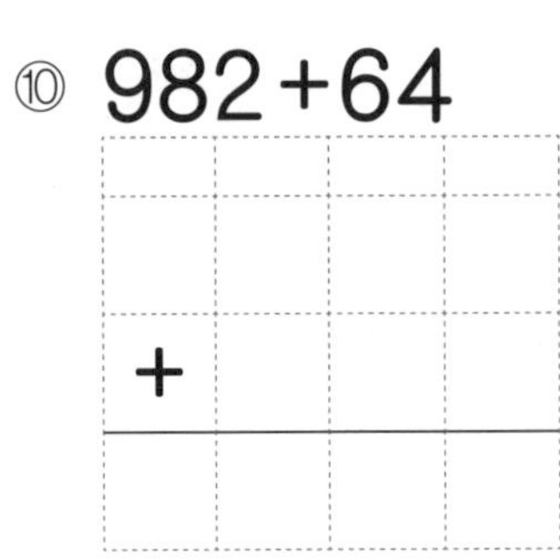

⑪ 452+53

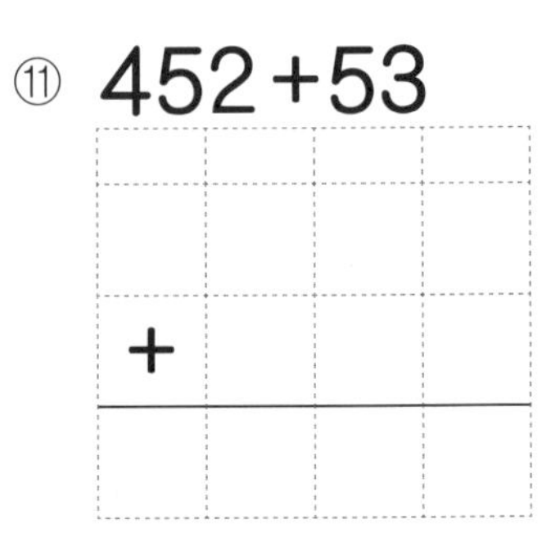

⑫ 746+68

+

⑬ 158+31

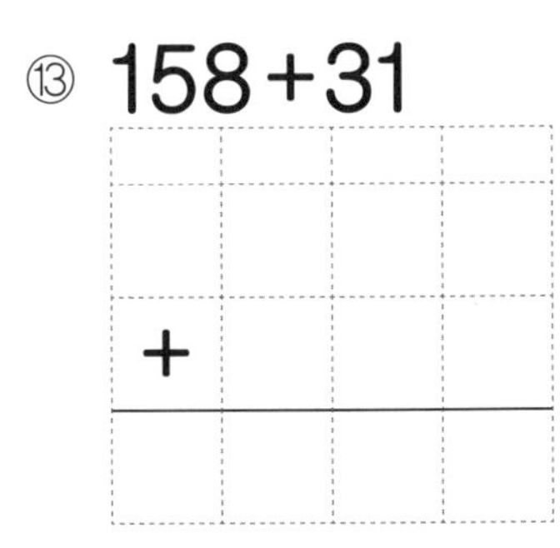

⑭ 738+62

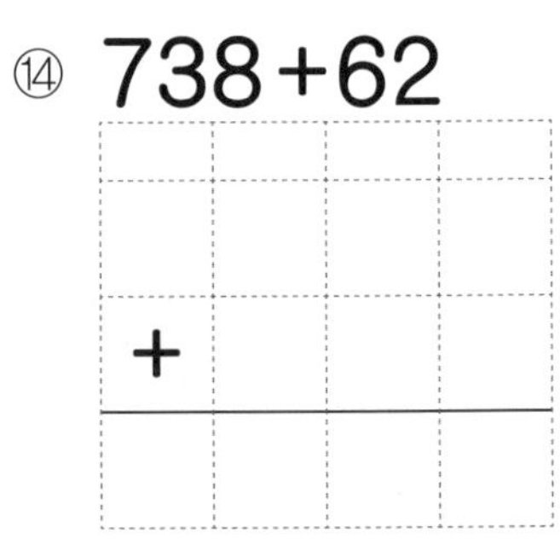

⑮ 639+81

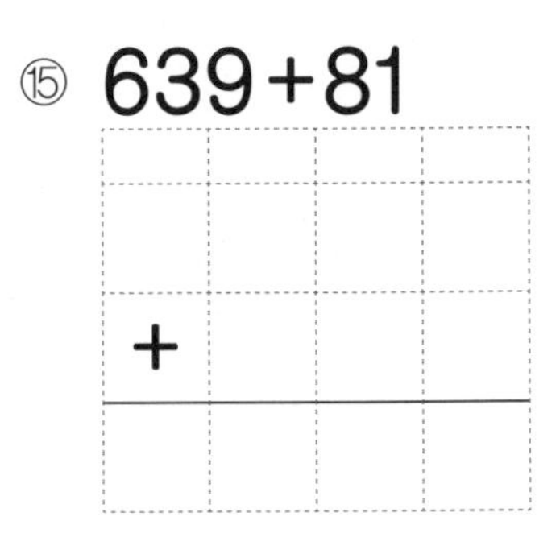

(세 자리 수)±(두 자리 수)

공부한 날 /
걸린 시간 분
맞힌 개수 /15

정답: p.10

빼셈을 하세요.

①

	1	4	8
−		7	2

⑥

	1	5	2
−		5	3

⑪

	2	1	6
−		3	8

②

	2	5	5
−		4	5

⑦

	3	4	8
−		3	9

⑫

	3	6	2
−		9	7

③

	4	5	9
−		9	5

⑧

	5	6	7
−		3	0

⑬

	5	7	1
−		8	3

④

	6	0	0
−		2	7

⑨

	6	8	4
−		7	6

⑭

	7	9	3
−		2	2

⑤

	8	0	0
−		4	8

⑩

	8	0	7
−		6	1

⑮

	9	8	0
−		3	4

8 (세 자리 수)±(두 자리 수)

공부한 날 / 걸린 시간 분 맞힌 개수 /15

정답: p.10

빼셈을 하세요.

① 549−24

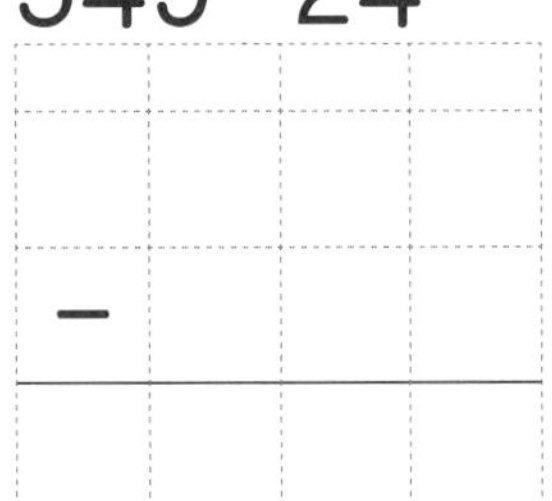

② 197−70

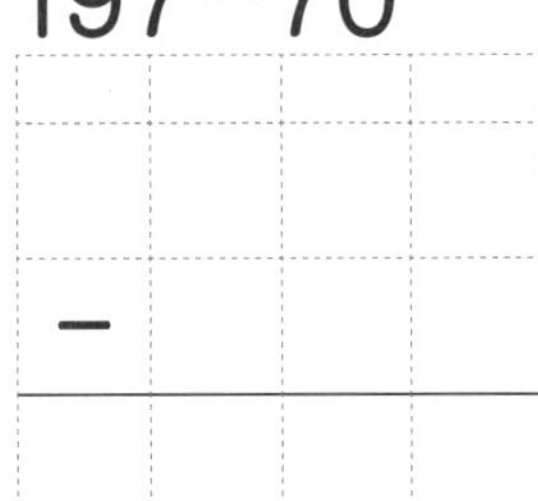

③ 860−87

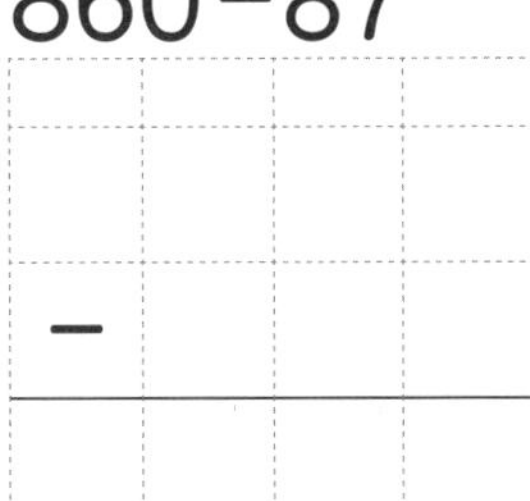

④ 268−99

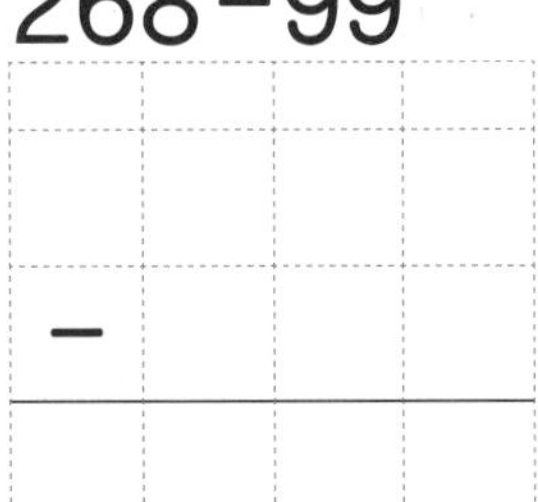

⑤ 309−74

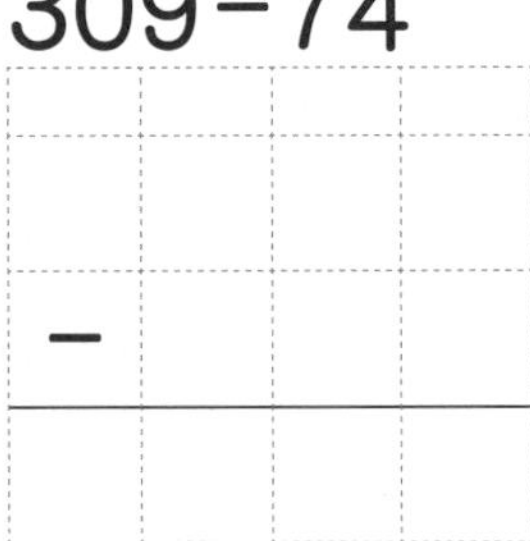

⑥ 164−91

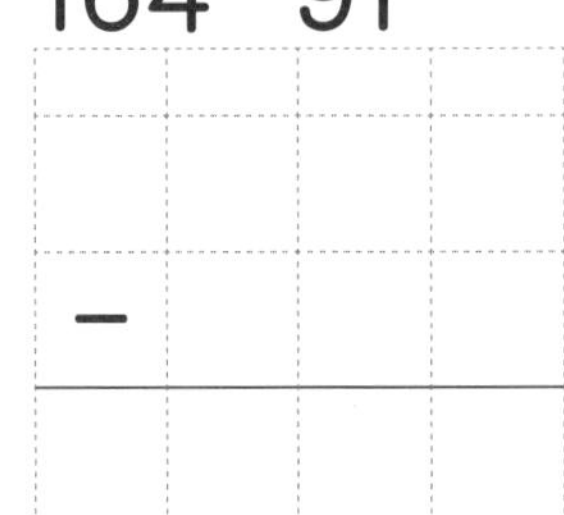

⑦ 281−69

⑧ 878−43

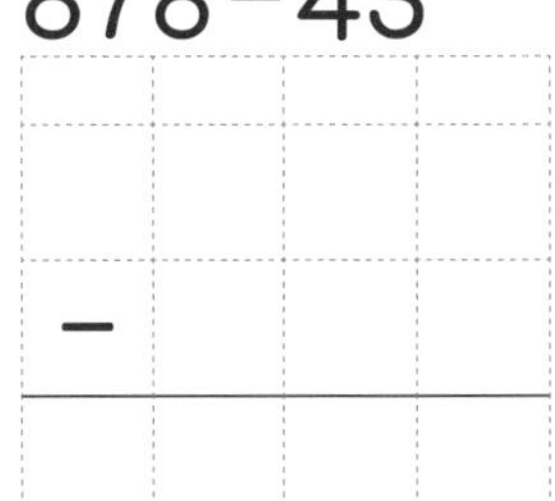

⑨ 900−75

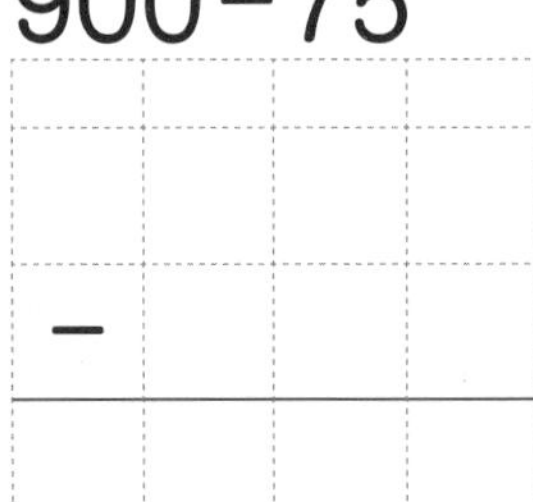

⑩ 524−68

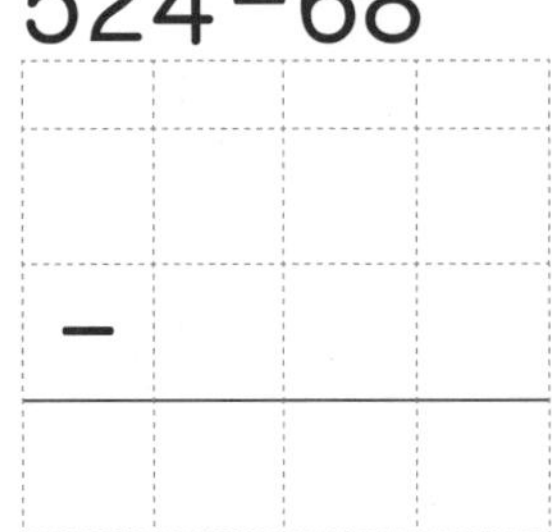

⑪ 752−35

⑫ 700−54

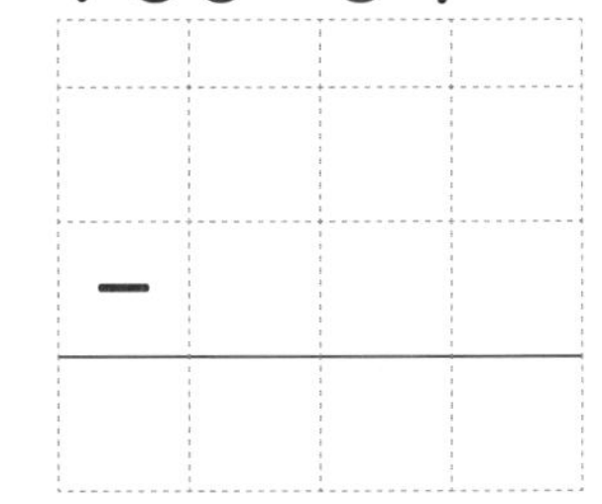

⑬ 815−12

⑭ 638−56

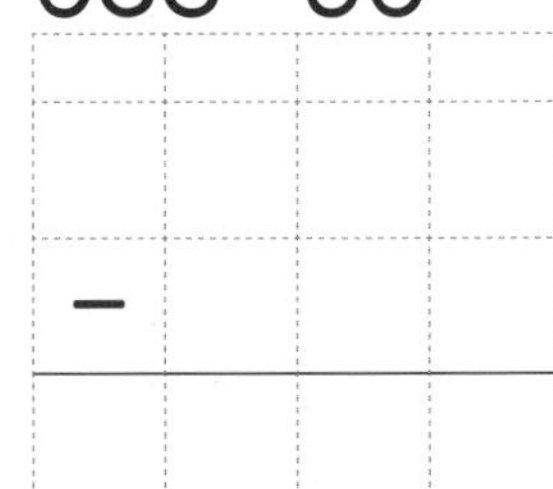

⑮ 473−27

무료 동영상강의로
개념을 쉽게 배워보세요!

두 자리 수인 세 수의 덧셈과 뺄셈

두 자리 수인 세 수의 덧셈과 뺄셈

덧셈과 뺄셈이 섞여 있는 세 수의 계산은 앞에서부터 두 수씩 차례로 계산해요.
이때 덧셈에서는 받아올림, 뺄셈에서는 받아내림에 주의하여 계산해요.

세 수의 덧셈과 뺄셈(1)

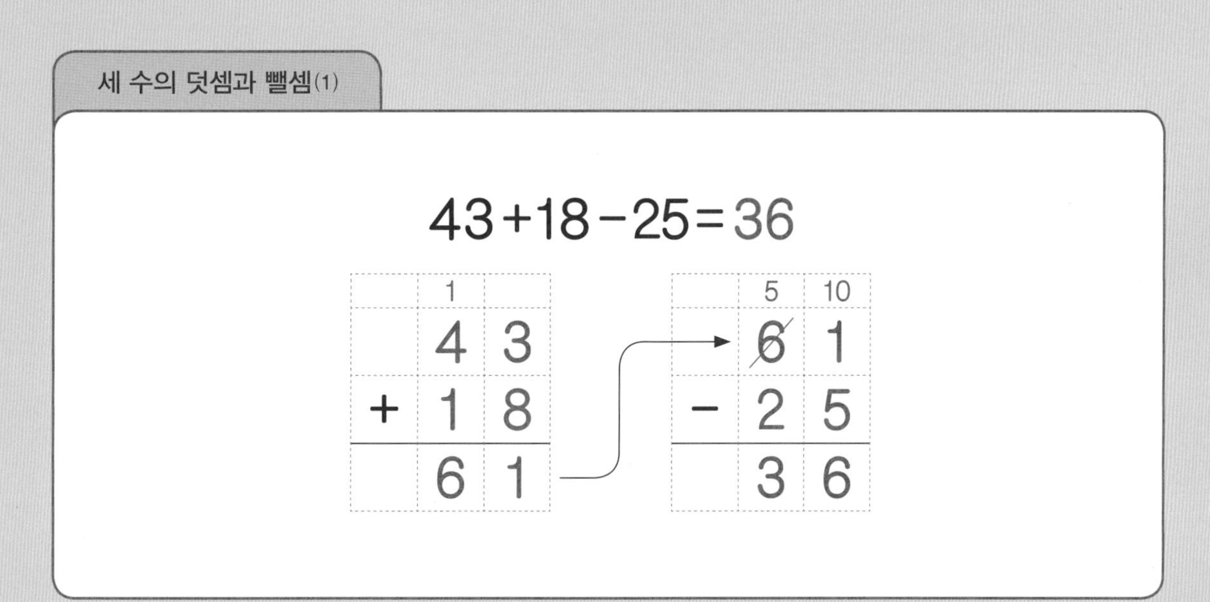

세 수의 덧셈과 뺄셈(2)

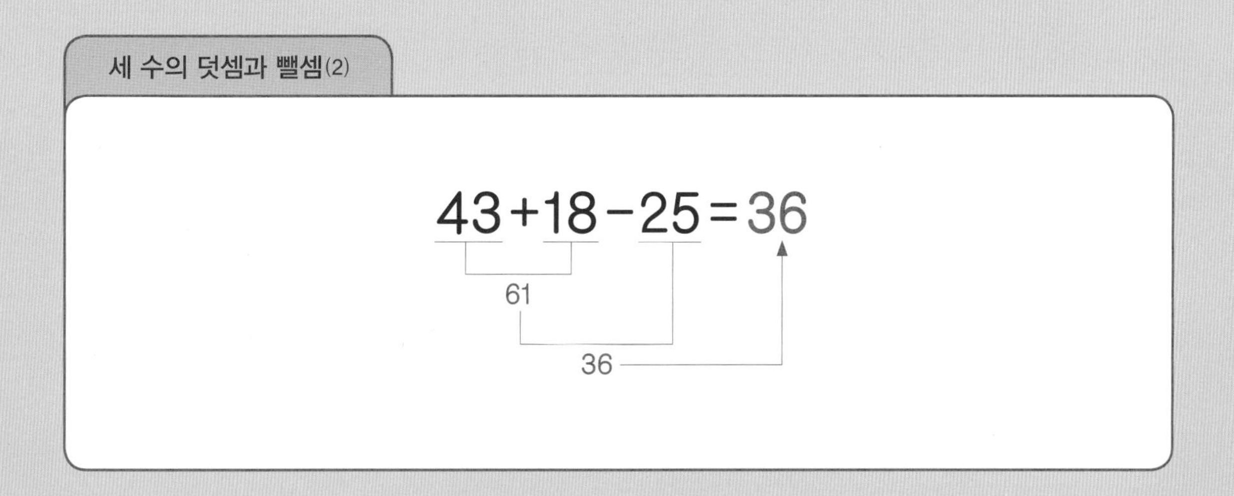

하나. 두 자리 수인 세 수의 덧셈과 뺄셈을 공부합니다.

둘. 덧셈과 뺄셈이 섞여 있는 세 수의 계산은 앞에서부터 두 수씩 차례로 계산해야 실수가 없다는 것을 알게 합니다.

1 두 자리 수인 세 수의 덧셈과 뺄셈

공부한 날 /　걸린 시간 분　맞힌 개수 /10

정답: p.11

계산을 하세요.

① 13+34+21=

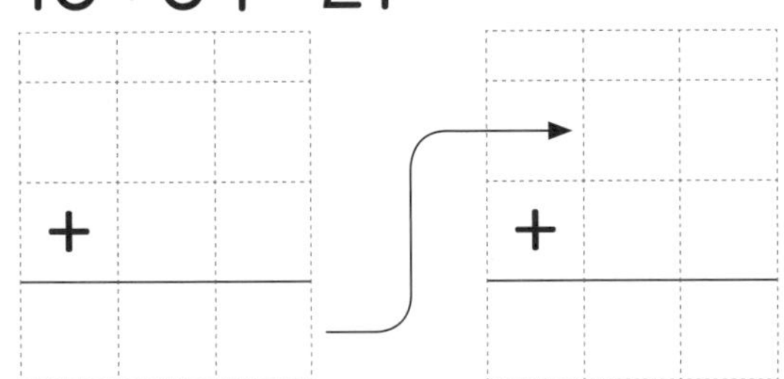

② 24+61+32=

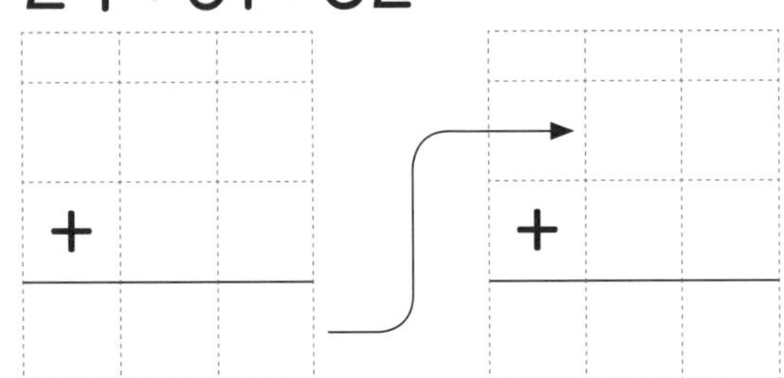

③ 26+49+53=

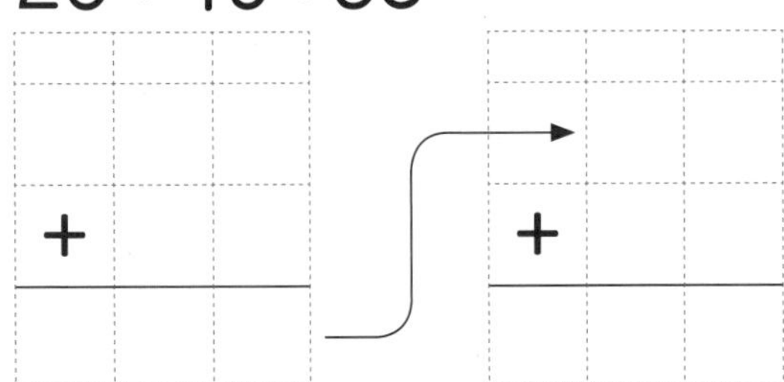

④ 32+28+36=

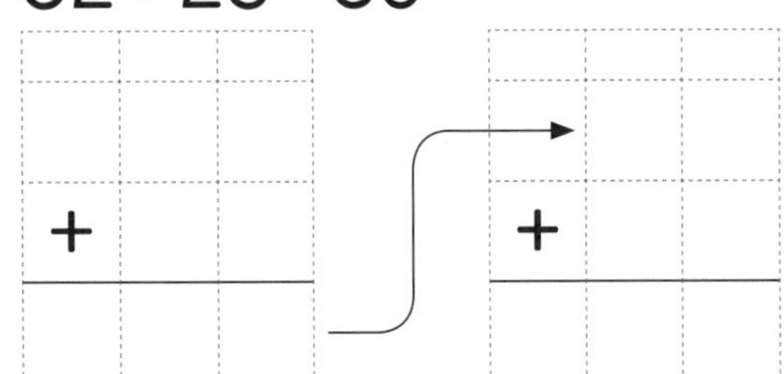

⑤ 37+25+39=

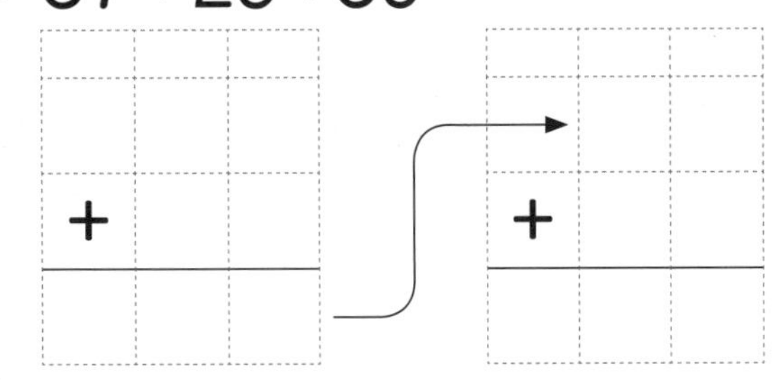

⑥ 40+27+22=

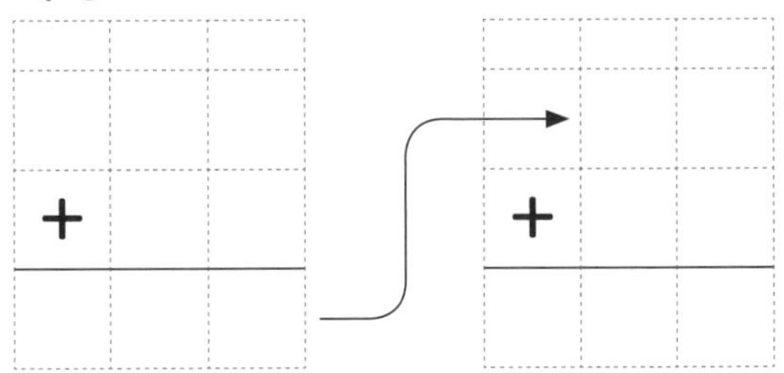

⑦ 41+43+14=

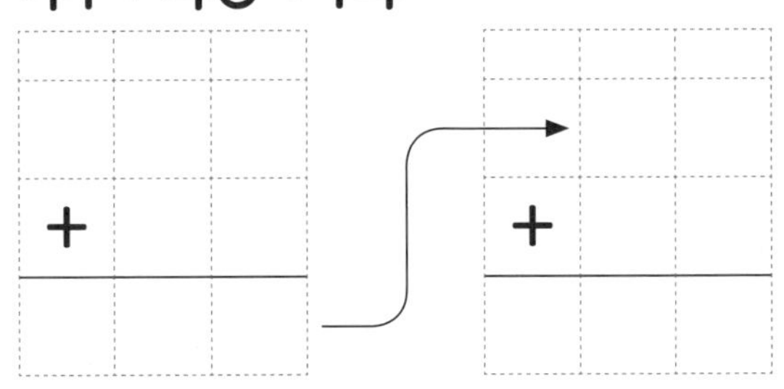

⑧ 49+17+28=

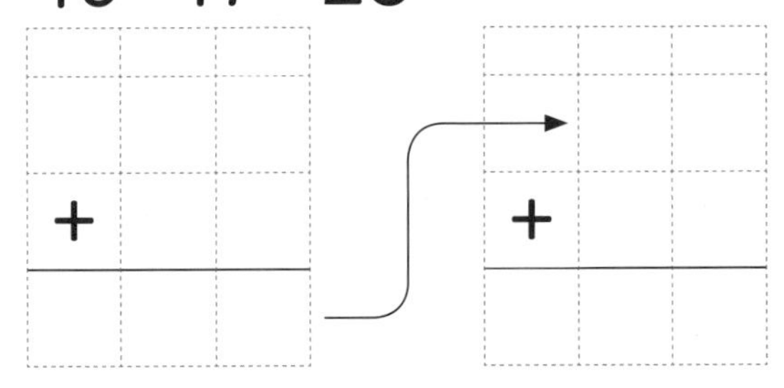

⑨ 58+36+69=

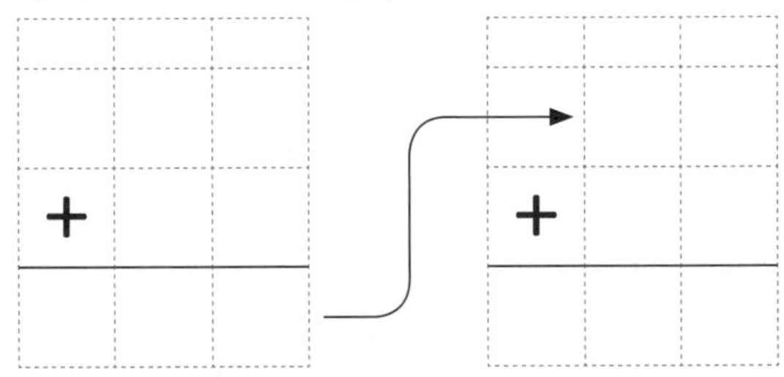

⑩ 66+12+57=

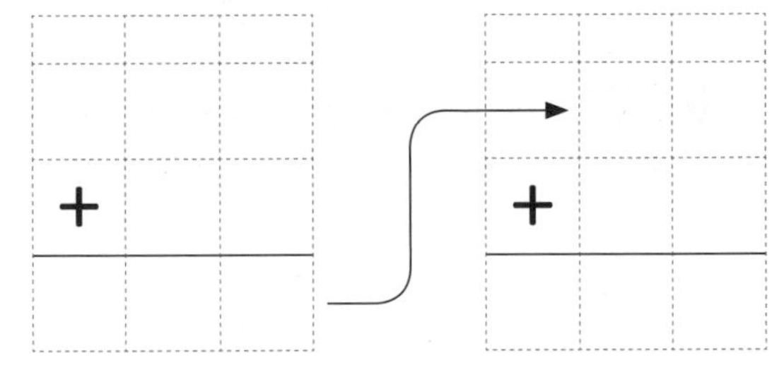

2 두 자리 수인 세 수의 덧셈과 뺄셈

공부한 날 /

걸린 시간 분

맞힌 개수 /20

정답: p.11

계산을 하세요.

① $33+45+60=$

② $25+32+56=$

③ $19+54+28=$

④ $14+43+34=$

⑤ $28+58+69=$

⑥ $45+19+38=$

⑦ $32+17+25=$

⑧ $57+21+37=$

⑨ $26+22+48=$

⑩ $31+25+73=$

⑪ $12+14+41=$

⑫ $50+22+16=$

⑬ $37+39+48=$

⑭ $15+67+24=$

⑮ $27+38+19=$

⑯ $42+13+64=$

⑰ $23+24+46=$

⑱ $36+48+13=$

⑲ $49+26+95=$

⑳ $16+28+39=$

3 두 자리 수인 세 수의 덧셈과 뺄셈

공부한 날 /
걸린 시간 분
맞힌 개수 /10

정답: p.11

계산을 하세요.

① 54−25−12=

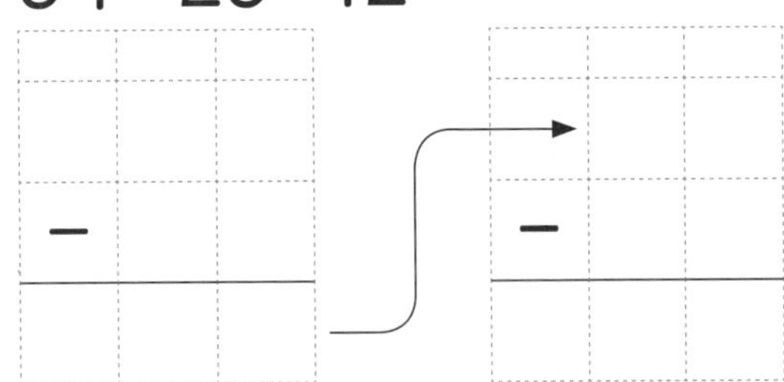

② 62−29−14=

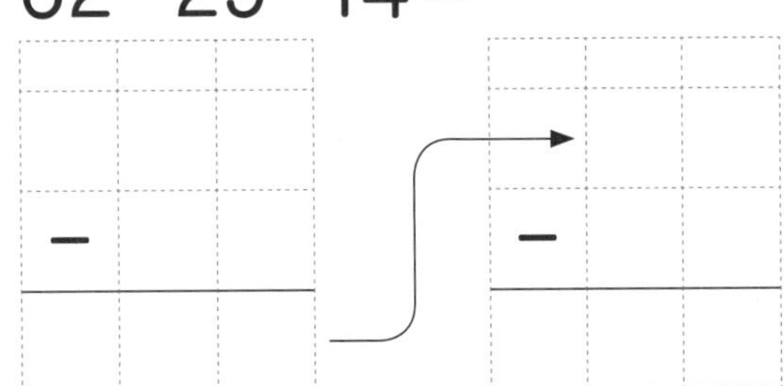

③ 63−12−35=

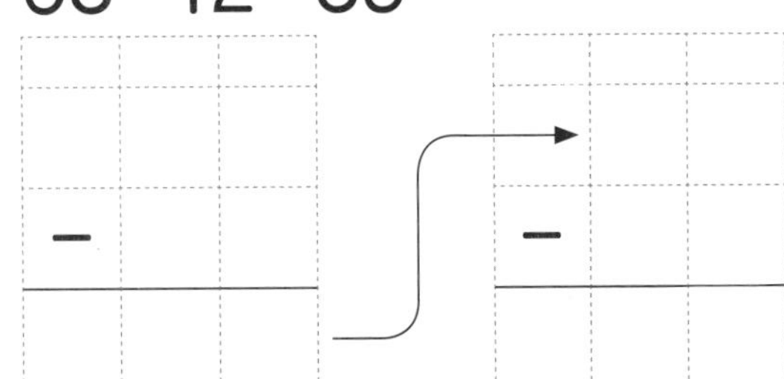

④ 65−38−23=

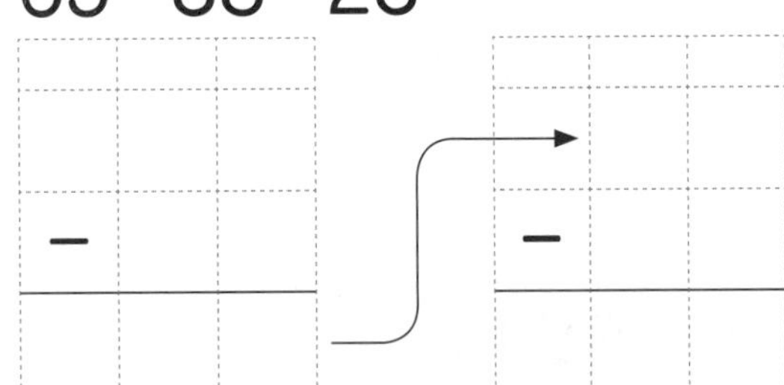

⑤ 70−16−27=

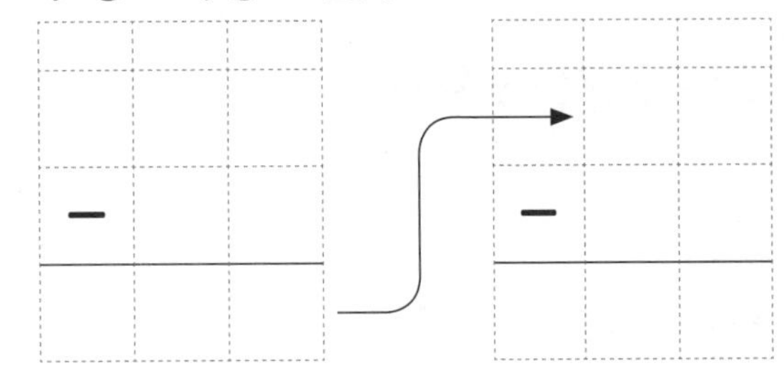

⑥ 75−24−28=

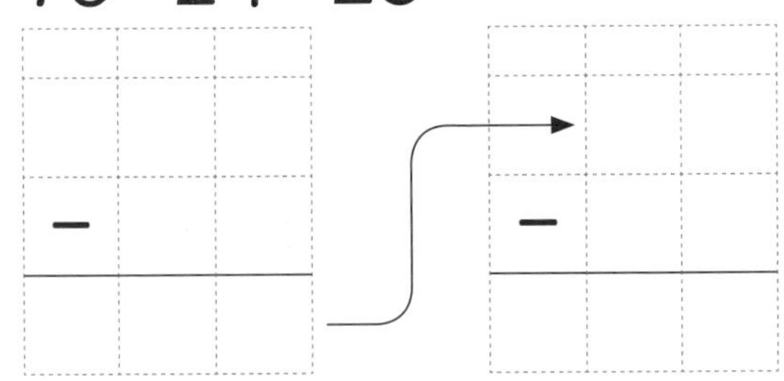

⑦ 76−21−43=

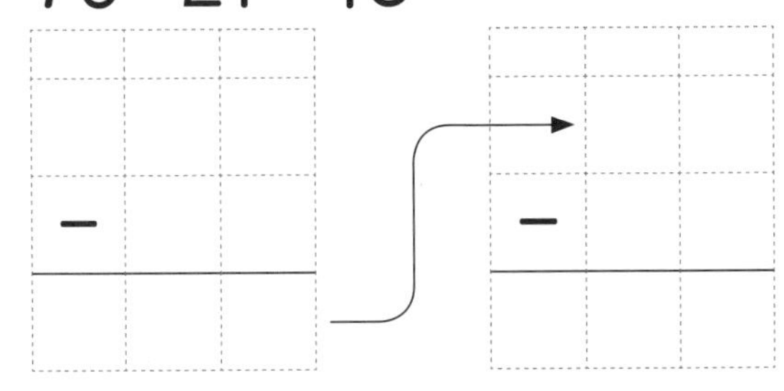

⑧ 83−17−38=

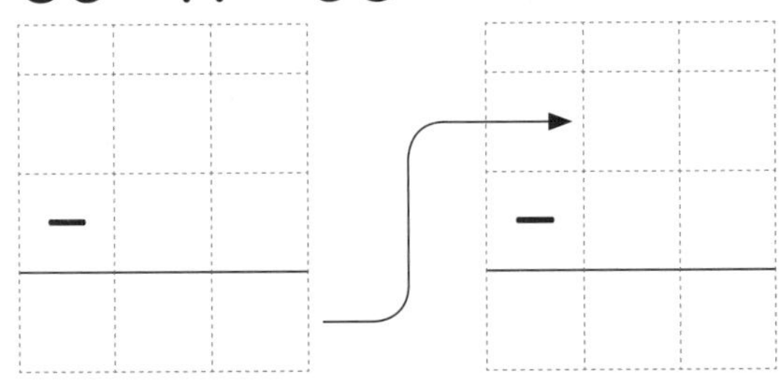

⑨ 87−35−19=

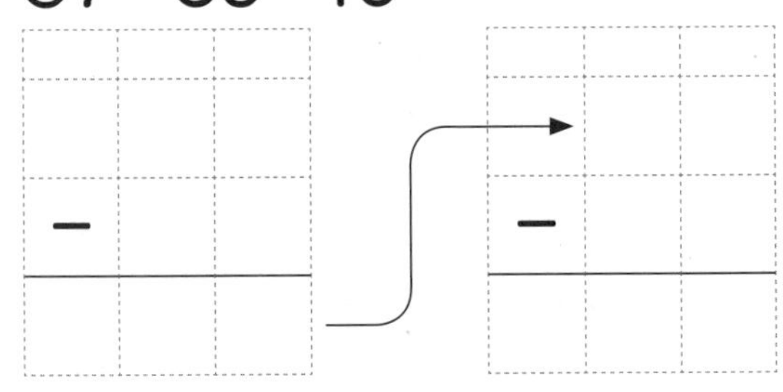

⑩ 89−42−26=

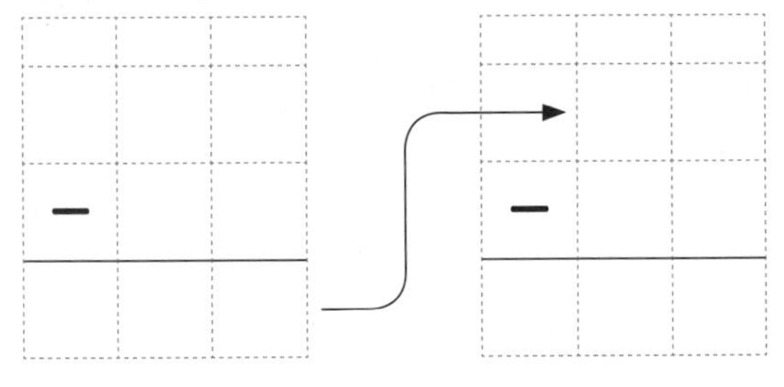

4 두 자리 수인 세 수의 덧셈과 뺄셈

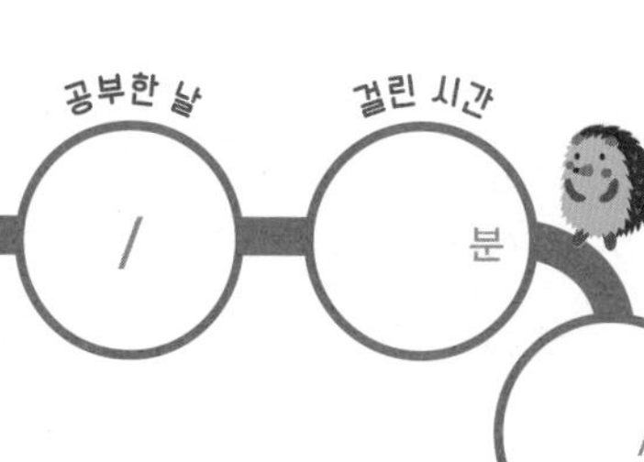

정답: p.11

계산을 하세요.

① 56−29−18=

② 89−27−49=

③ 51−26−18=

④ 67−20−35=

⑤ 91−44−29=

⑥ 82−17−32=

⑦ 95−32−43=

⑧ 84−18−37=

⑨ 57−13−29=

⑩ 66−21−18=

⑪ 85−24−34=

⑫ 60−15−27=

⑬ 92−27−46=

⑭ 88−34−12=

⑮ 72−48−16=

⑯ 91−42−13=

⑰ 60−34−15=

⑱ 79−16−41=

⑲ 96−43−25=

⑳ 78−32−17=

5 두 자리 수인 세 수의 덧셈과 뺄셈

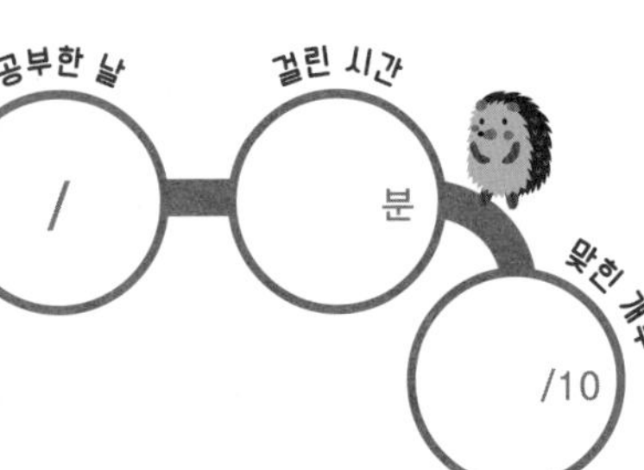

정답: p.11

계산을 하세요.

① $25+41-18=$

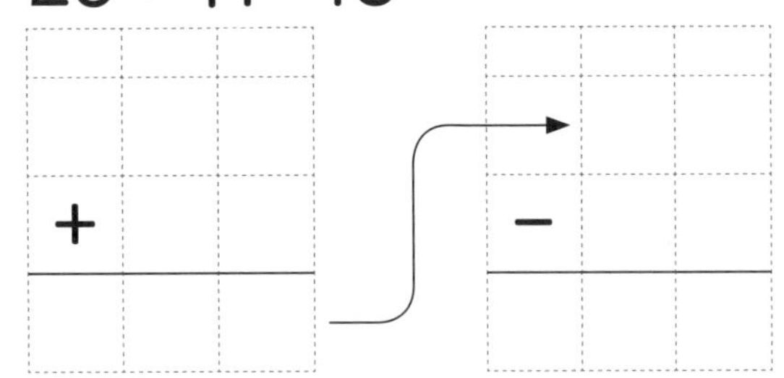

⑥ $46+28-19=$

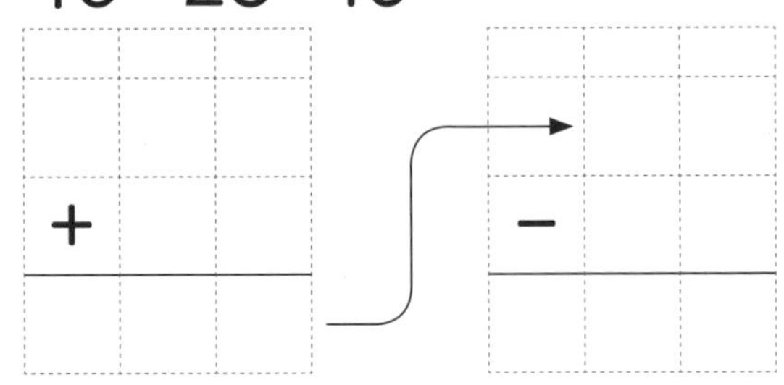

② $27+49-24=$

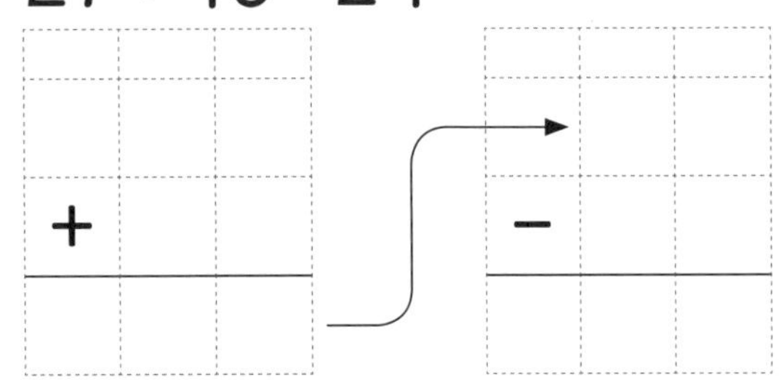

⑦ $54+37-32=$

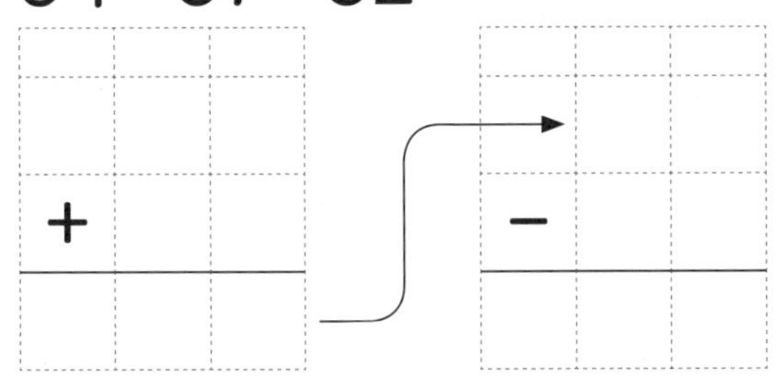

③ $31+47-55=$

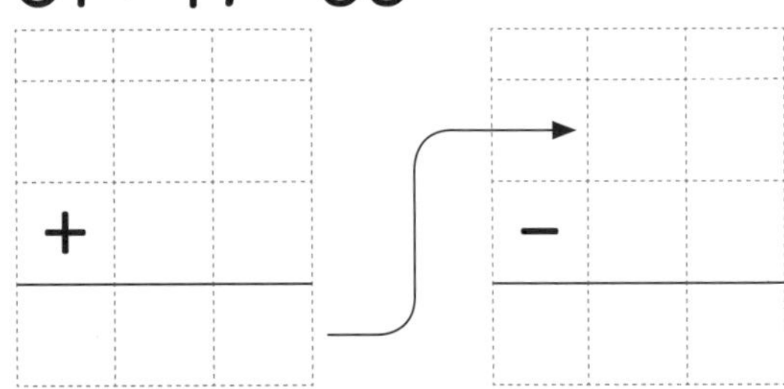

⑧ $55+34-43=$

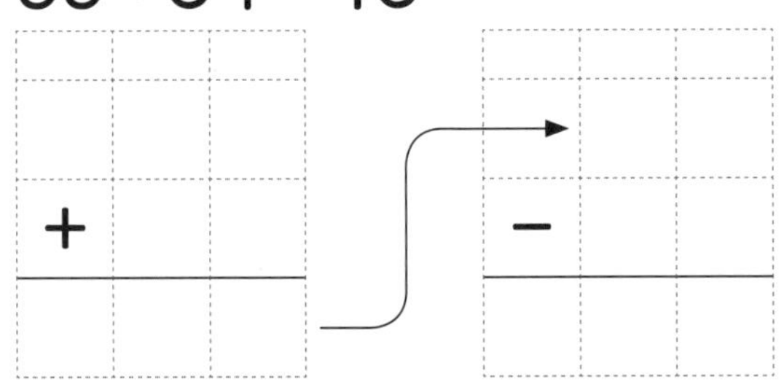

④ $39+22-27=$

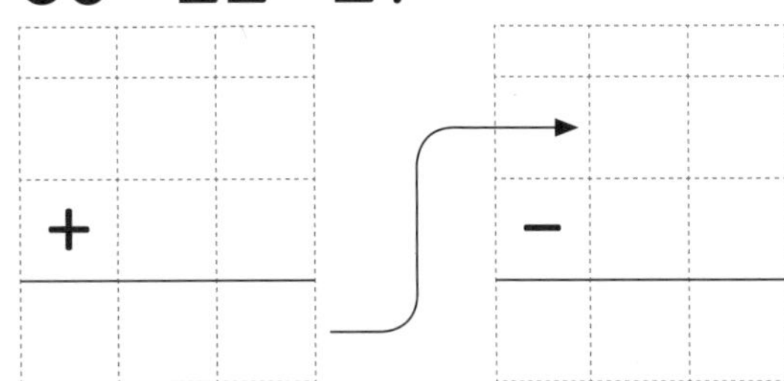

⑨ $62+14-37=$

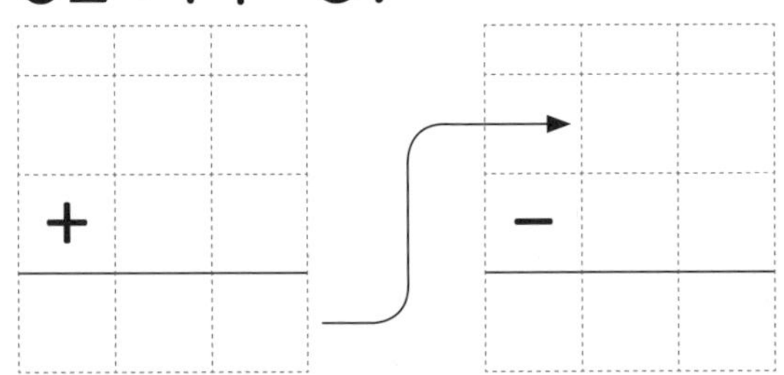

⑤ $42+35-49=$

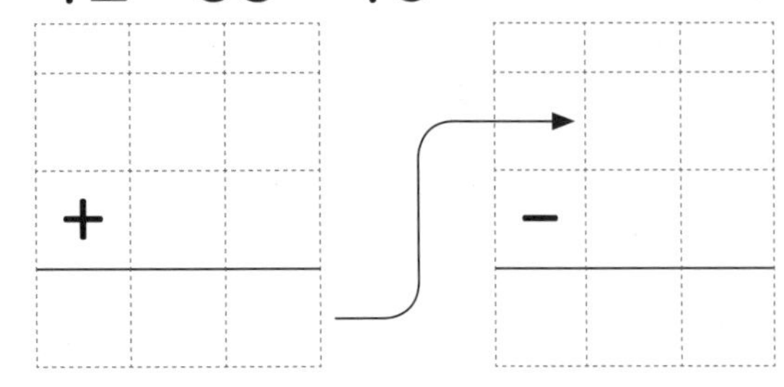

⑩ $65+26-31=$

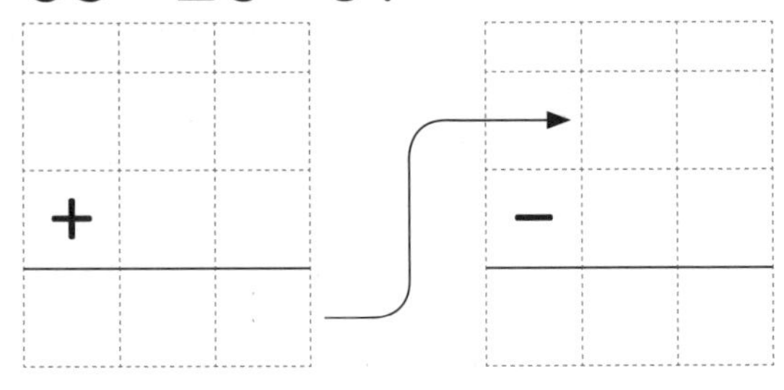

6 두 자리 수인 세 수의 덧셈과 뺄셈

공부한 날 /　걸린 시간 분　맞힌 개수 /20

정답: p.11

계산을 하세요.

① $11+63-35=$

② $65+14-37=$

③ $40+14-27=$

④ $32+51-68=$

⑤ $25+37-14=$

⑥ $34+43-56=$

⑦ $23+59-25=$

⑧ $37+48-13=$

⑨ $54+33-49=$

⑩ $45+30-19=$

⑪ $39+43-18=$

⑫ $54+29-36=$

⑬ $36+56-67=$

⑭ $23+52-44=$

⑮ $18+46-28=$

⑯ $15+31-13=$

⑰ $14+58-26=$

⑱ $48+32-45=$

⑲ $57+29-32=$

⑳ $23+42-36=$

7 두 자리 수인 세 수의 덧셈과 뺄셈

공부한 날 /
걸린 시간 분
맞힌 개수 /10

정답: p.11

계산을 하세요.

① $45-13+49=$

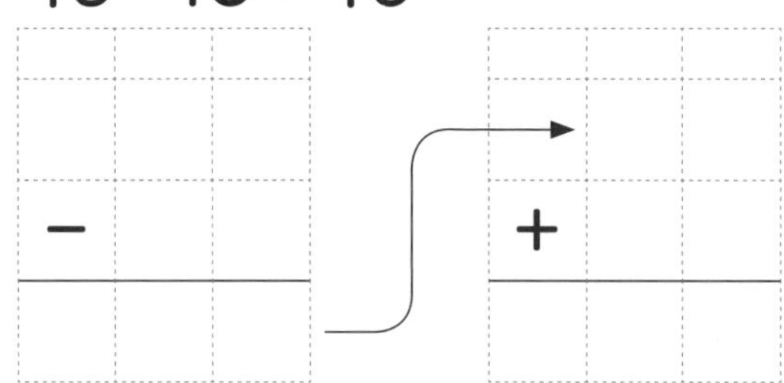

② $51-34+42=$

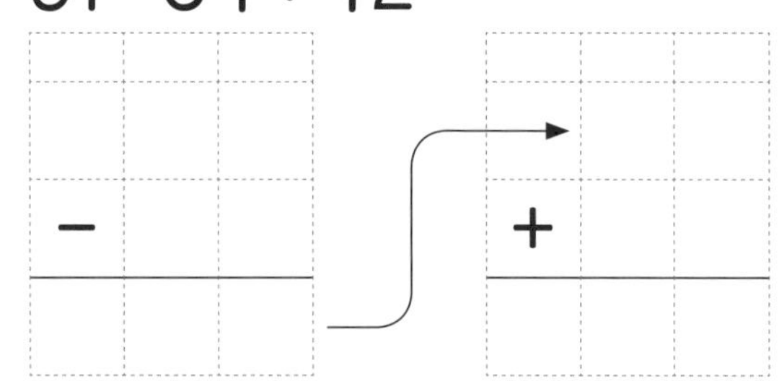

③ $58-25+73=$

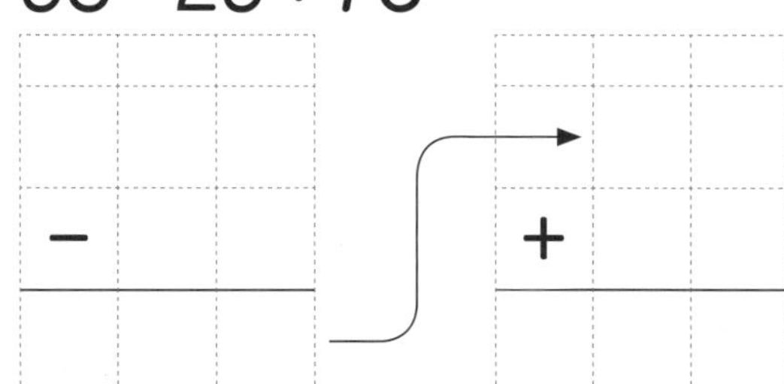

④ $63-18+22=$

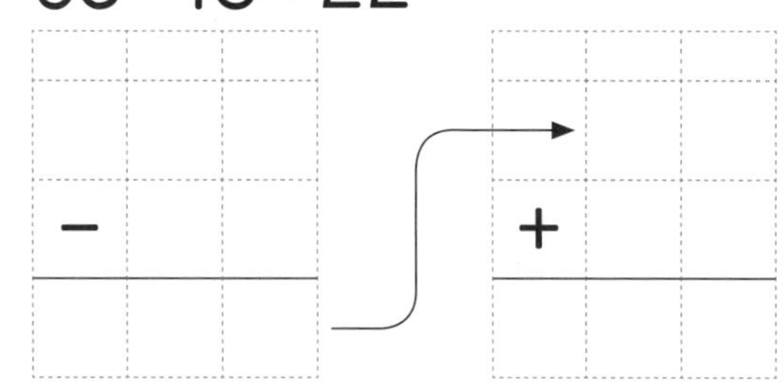

⑤ $68-52+13=$

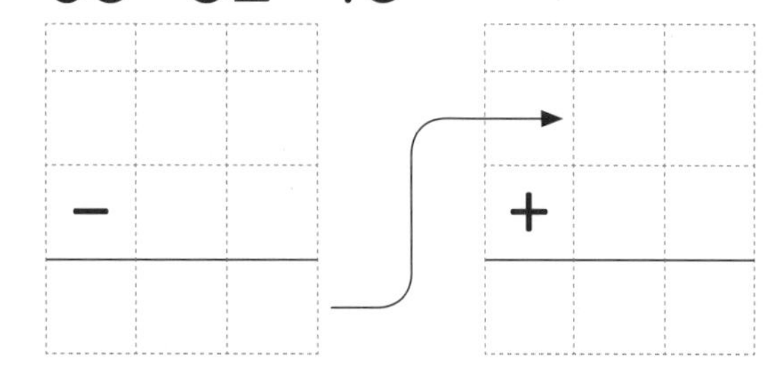

⑥ $74-16+56=$

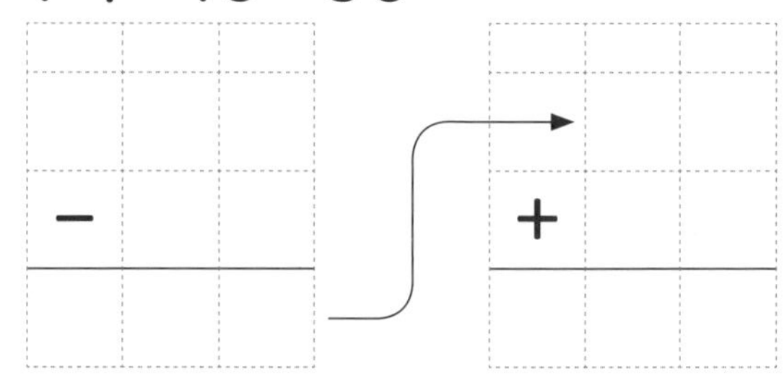

⑦ $80-27+38=$

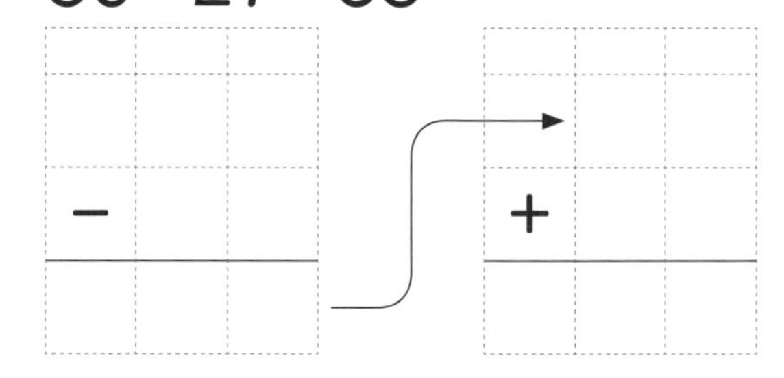

⑧ $86-21+67=$

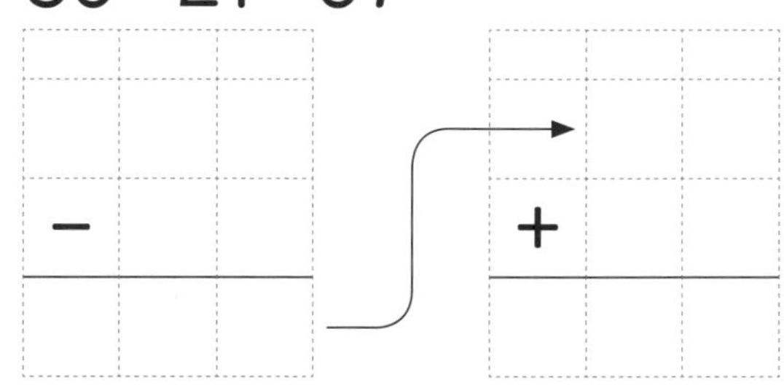

⑨ $92-45+81=$

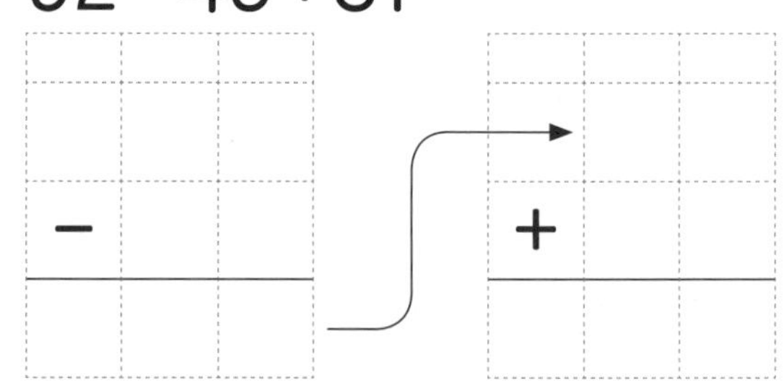

⑩ $94-40+35=$

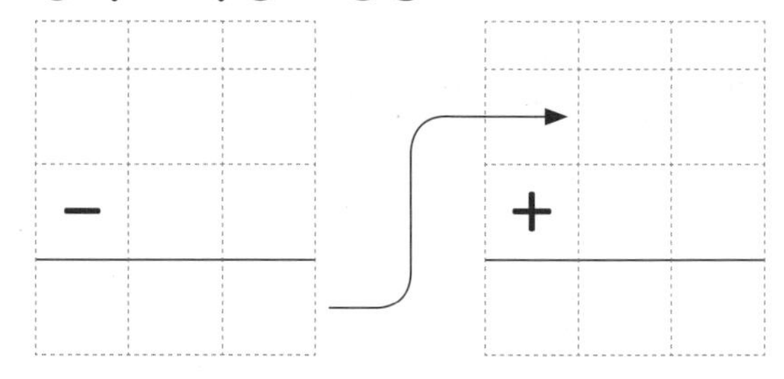

8 두 자리 수인 세 수의 덧셈과 뺄셈

공부한 날 /
걸린 시간 분
맞힌 개수 /20

정답: p.11

계산을 하세요.

① 72−16+25=

② 81−30+18=

③ 90−56+11=

④ 75−19+63=

⑤ 59−48+94=

⑥ 84−28+70=

⑦ 78−57+42=

⑧ 96−43+15=

⑨ 62−49+34=

⑩ 85−13+48=

⑪ 99−25+57=

⑫ 54−38+21=

⑬ 75−32+63=

⑭ 68−24+27=

⑮ 64−11+35=

⑯ 83−46+73=

⑰ 47−15+39=

⑱ 60−31+45=

⑲ 41−27+52=

⑳ 92−44+56=

실력 체크

최종 점검

받아내림이 있는 (두 자리 수)-(두 자리 수)

공부한 날	월	일
걸린 시간	분	초
맞힌 개수		/20

정답: p.12

① $21 - 12$

② $76 - 39$

③ $62 - 27$

④ $85 - 67$

⑤ $71 - 56$

⑥ $88 - 49$

⑦ $32 - 28$

⑧ $90 - 84$

⑨ $53 - 29$

⑩ $92 - 34$

⑪ $91 - 15$

⑫ $64 - 15$

⑬ $43 - 19$

⑭ $95 - 68$

⑮ $50 - 36$

⑯ $70 - 48$

⑰ $97 - 59$

⑱ $83 - 38$

⑲ $45 - 26$

⑳ $86 - 18$

받아내림이 있는 (두 자리 수)-(두 자리 수)

공부한 날	월	일
걸린 시간	분	초
맞힌 개수		/21

정답: p.12

여러 가지 방법으로 뺄셈을 하세요.

① 70-22=

② 72-48=

③ 34-27=

④ 93-55=

⑤ 44-19=

⑥ 85-68=

⑦ 41-35=

⑧ 90-75=

⑨ 55-29=

⑩ 61-46=

⑪ 92-19=

⑫ 71-64=

⑬ 87-39=

⑭ 90-37=

⑮ 72-34=

⑯ 23-17=

⑰ 80-59=

⑱ 63-26=

⑲ 86-17=

⑳ 98-89=

㉑ 32-16=

6-A (두 자리 수)±(두 자리 수)

공부한 날	월	일
걸린 시간	분	초
맞힌 개수		/24

정답: p.12

계산을 하세요.

① $\begin{array}{r} 25 \\ +\ 59 \\ \hline \end{array}$

② $\begin{array}{r} 64 \\ +\ 25 \\ \hline \end{array}$

③ $\begin{array}{r} 76 \\ +\ 17 \\ \hline \end{array}$

④ $\begin{array}{r} 99 \\ +\ 37 \\ \hline \end{array}$

⑤ $\begin{array}{r} 84 \\ +\ 90 \\ \hline \end{array}$

⑥ $\begin{array}{r} 63 \\ +\ 52 \\ \hline \end{array}$

⑦ $\begin{array}{r} 12 \\ +\ 53 \\ \hline \end{array}$

⑧ $\begin{array}{r} 58 \\ +\ 32 \\ \hline \end{array}$

⑨ $\begin{array}{r} 35 \\ +\ 43 \\ \hline \end{array}$

⑩ $\begin{array}{r} 87 \\ +\ 62 \\ \hline \end{array}$

⑪ $\begin{array}{r} 36 \\ +\ 74 \\ \hline \end{array}$

⑫ $\begin{array}{r} 45 \\ +\ 31 \\ \hline \end{array}$

⑬ $\begin{array}{r} 24 \\ -\ 15 \\ \hline \end{array}$

⑭ $\begin{array}{r} 78 \\ -\ 37 \\ \hline \end{array}$

⑮ $\begin{array}{r} 60 \\ -\ 39 \\ \hline \end{array}$

⑯ $\begin{array}{r} 58 \\ -\ 13 \\ \hline \end{array}$

⑰ $\begin{array}{r} 81 \\ -\ 27 \\ \hline \end{array}$

⑱ $\begin{array}{r} 38 \\ -\ 26 \\ \hline \end{array}$

⑲ $\begin{array}{r} 96 \\ -\ 60 \\ \hline \end{array}$

⑳ $\begin{array}{r} 49 \\ -\ 21 \\ \hline \end{array}$

㉑ $\begin{array}{r} 64 \\ -\ 24 \\ \hline \end{array}$

㉒ $\begin{array}{r} 52 \\ -\ 46 \\ \hline \end{array}$

㉓ $\begin{array}{r} 37 \\ -\ 19 \\ \hline \end{array}$

㉔ $\begin{array}{r} 85 \\ -\ 58 \\ \hline \end{array}$

6-B (두 자리 수)±(두 자리 수)

공부한 날	월	일
걸린 시간	분	초
맞힌 개수		/21

정답: p.12

계산을 하세요.

① $25+64=$

② $92-47=$

③ $11+63=$

④ $67-45=$

⑤ $86+73=$

⑥ $78-39=$

⑦ $50+38=$

⑧ $90-27=$

⑨ $49+35=$

⑩ $88-18=$

⑪ $72+54=$

⑫ $29-14=$

⑬ $35+92=$

⑭ $51-16=$

⑮ $98+76=$

⑯ $77+12=$

⑰ $64+16=$

⑱ $36-28=$

⑲ $31+56=$

⑳ $59-23=$

㉑ $76+76=$

7-A (세 자리 수)±(두 자리 수)

공부한 날	월	일
걸린 시간	분	초
맞힌 개수		/15

정답: p.13

계산을 하세요.

① $725 + 67$

② $136 + 52$

③ $689 + 48$

④ $109 - 30$

⑤ $947 + 99$

⑥ $468 - 15$

⑦ $745 - 87$

⑧ $360 + 75$

⑨ $973 + 82$

⑩ $380 - 24$

⑪ $204 + 70$

⑫ $453 + 34$

⑬ $284 - 42$

⑭ $200 - 63$

⑮ $562 - 56$

7-B (세 자리 수)±(두 자리 수)

공부한 날	월	일
걸린 시간	분	초
맞힌 개수		/12

정답: p.13

계산을 하세요.

① $852 - 40$

⑤ $968 + 56$

⑨ $300 - 97$

② $161 - 26$

⑥ $235 - 51$

⑩ $230 + 47$

③ $932 + 74$

⑦ $274 + 85$

⑪ $524 - 89$

④ $445 + 68$

⑧ $410 - 72$

⑫ $116 + 24$

8-A 두 자리 수인 세 수의 덧셈과 뺄셈

공부한 날	월	일
걸린 시간	분	초
맞힌 개수		/10

정답: p.13

계산을 하세요.

① $62+19+58=$

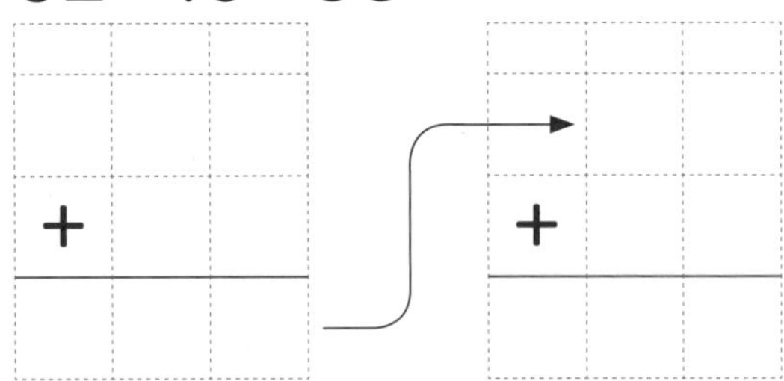

② $87-42-13=$

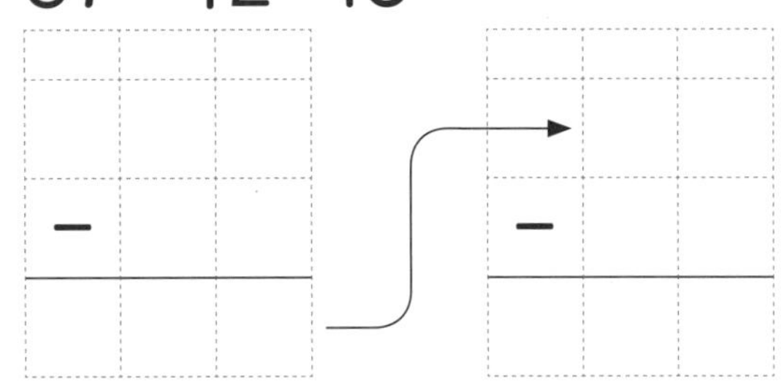

③ $32+67-45=$

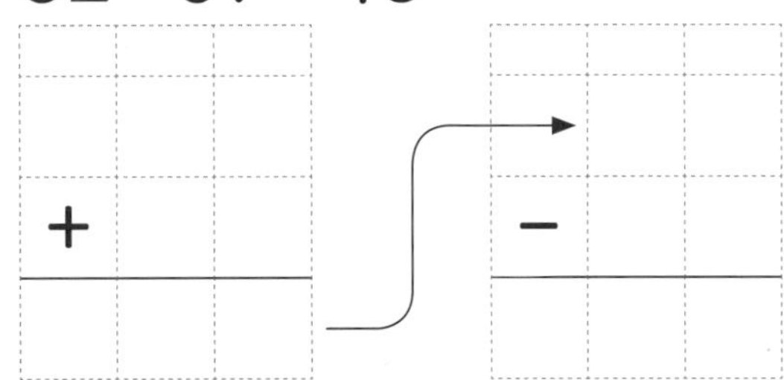

④ $91-28-32=$

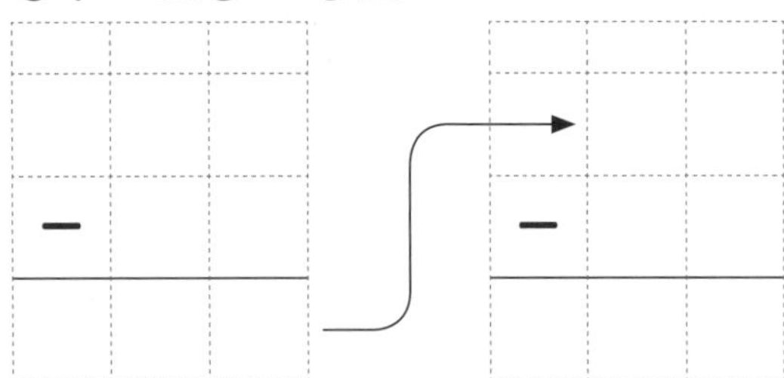

⑤ $38+40+64=$

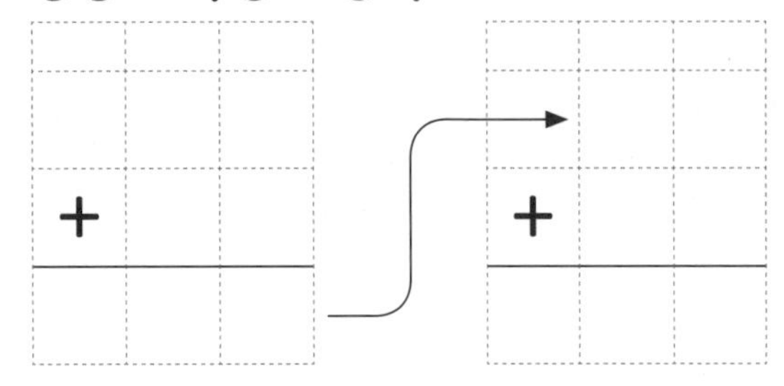

⑥ $43+28-36=$

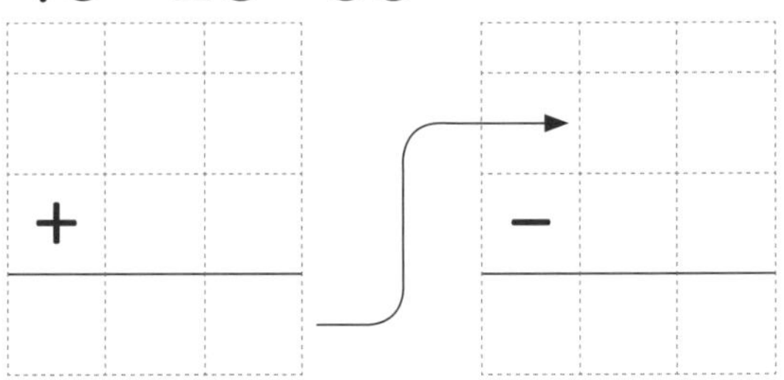

⑦ $76-53+24=$

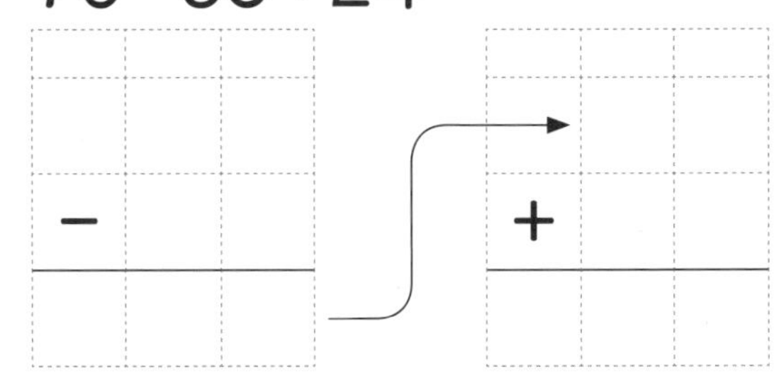

⑧ $55-16+79=$

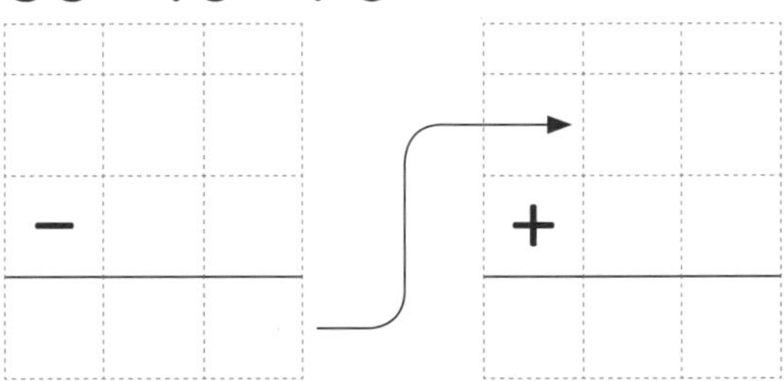

⑨ $24+53+37=$

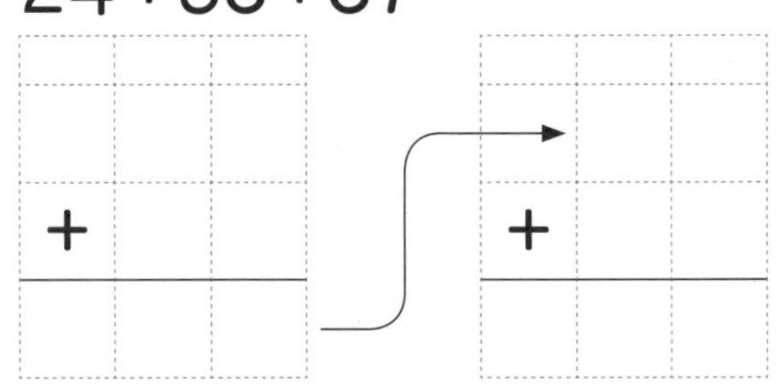

⑩ $73-35-29=$

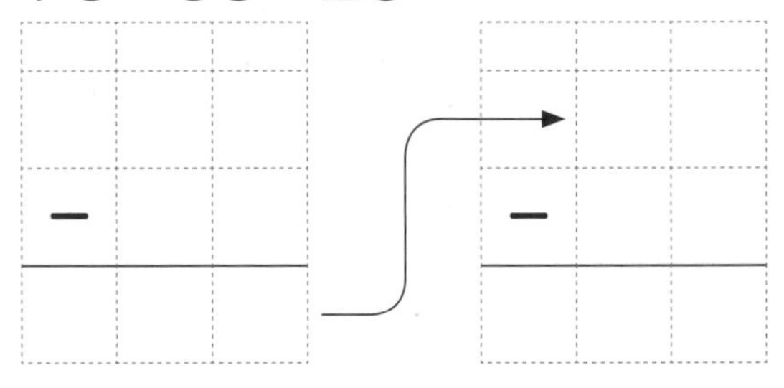

8-B 두 자리 수인 세 수의 덧셈과 뺄셈

공부한 날	월	일
걸린 시간	분	초
맞힌 개수		/14

정답: p.13

계산을 하세요.

① $82-19+52=$

② $12+76-57=$

③ $77-21+48=$

④ $56+37-65=$

⑤ $69+18+43=$

⑥ $28+56-30=$

⑦ $99-45-12=$

⑧ $44+35-23=$

⑨ $80-32-26=$

⑩ $48+29+14=$

⑪ $68-43+37=$

⑫ $74-13-38=$

⑬ $51-24+41=$

⑭ $35+27+25=$

Memo

Memo

Memo

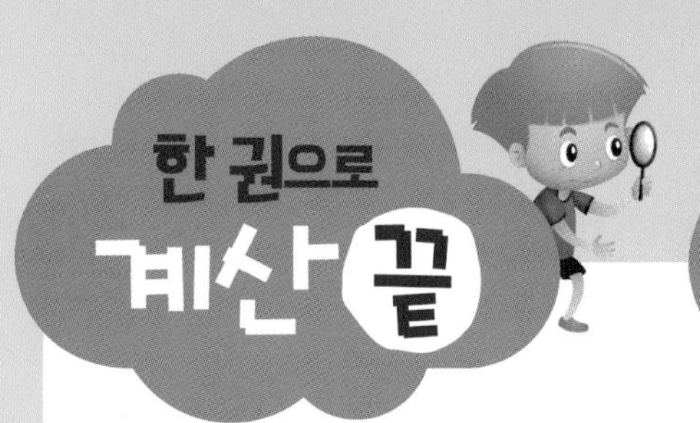

학습 구성

기초 수학 초등 1학년

1권	자연수의 덧셈과 뺄셈 기본	2권	자연수의 덧셈과 뺄셈 초급
1	9까지의 수 가르기와 모으기	1	(몇십)+(몇), (몇)+(몇십)
2	합이 9까지인 수의 덧셈	2	(몇십몇)+(몇), (몇)+(몇십몇)
3	차가 9까지인 수의 뺄셈	3	(몇십몇)−(몇)
4	덧셈과 뺄셈의 관계	4	(몇십)±(몇십)
5	두 수를 바꾸어 더하기	5	(몇십몇)±(몇십몇)
6	10 가르기와 모으기	6	한 자리 수인 세 수의 덧셈과 뺄셈
7	10이 되는 덧셈, 10에서 빼는 뺄셈	7	받아올림이 있는 (몇)+(몇)
8	두 수의 합이 10인 세 수의 덧셈	8	받아내림이 있는 (십몇)−(몇)

기초 수학 초등 2학년

3권	자연수의 덧셈과 뺄셈 중급	4권	곱셈구구
1	받아올림이 있는 (두 자리 수)+(한 자리 수)	1	같은 수를 여러 번 더하기
2	받아내림이 있는 (두 자리 수)−(한 자리 수)	2	2의 단, 5의 단, 4의 단 곱셈구구
3	받아올림이 한 번 있는 (두 자리 수)+(두 자리 수)	3	2의 단, 3의 단, 6의 단 곱셈구구
4	받아올림이 두 번 있는 (두 자리 수)+(두 자리 수)	4	3의 단, 6의 단, 4의 단 곱셈구구
5	받아내림이 있는 (두 자리 수)−(두 자리 수)	5	4의 단, 8의 단, 6의 단 곱셈구구
6	(두 자리 수)±(두 자리 수)	6	5의 단, 7의 단, 9의 단 곱셈구구
7	(세 자리 수)±(두 자리 수)	7	7의 단, 8의 단, 9의 단 곱셈구구
8	두 자리 수인 세 수의 덧셈과 뺄셈	8	곱셈구구

기초 수학 초등 3학년

5권	자연수의 덧셈과 뺄셈 고급 / 자연수의 곱셈과 나눗셈 초급	6권	자연수의 곱셈과 나눗셈 중급
1	받아올림이 없거나 한 번 있는 (세 자리 수)+(세 자리 수)	1	(세 자리 수)×(한 자리 수)
2	연속으로 받아올림이 있는 (세 자리 수)+(세 자리 수)	2	(몇십)×(몇십), (몇십)×(몇십몇)
3	받아내림이 없거나 한 번 있는 (세 자리 수)−(세 자리 수)	3	(몇십몇)×(몇십), (몇십몇)×(몇십몇)
4	연속으로 받아내림이 있는 (세 자리 수)−(세 자리 수)	4	내림이 없는 (몇십몇)÷(몇)
5	곱셈과 나눗셈의 관계	5	내림이 있는 (몇십몇)÷(몇)
6	곱셈구구를 이용하거나 세로로 나눗셈의 몫 구하기	6	나누어떨어지지 않는 (몇십몇)÷(몇)
7	올림이 없는 (두 자리 수)×(한 자리 수)	7	나누어떨어지는 (세 자리 수)÷(한 자리 수)
8	일의 자리에서 올림이 있는 (두 자리 수)×(한 자리 수)	8	나누어떨어지지 않는 (세 자리 수)÷(한 자리 수)

계산력+두뇌회전 UP!

한 권으로 계산 끝

정답

3

초등수학 2학년 과정

넥서스에듀

계산력+두뇌회전 UP!

한 권으로 계산 끝

넥서스에듀

받아올림이 있는 (두 자리 수)+(한 자리 수)

1

p.15

① 22	⑥ 60	⑪ 61	⑯ 63
② 26	⑦ 86	⑫ 101	⑰ 42
③ 34	⑧ 81	⑬ 52	⑱ 34
④ 41	⑨ 95	⑭ 91	⑲ 70
⑤ 53	⑩ 102	⑮ 25	⑳ 43

2

p.16

① 33	⑨ 70	⑰ 60	㉔ 94
② 50	⑩ 81	⑱ 41	㉕ 23
③ 32	⑪ 93	⑲ 33	㉖ 102
④ 101	⑫ 25	⑳ 64	㉗ 42
⑤ 75	⑬ 24	㉑ 56	㉘ 71
⑥ 54	⑭ 102	㉒ 31	㉙ 83
⑦ 71	⑮ 42	㉓ 40	㉚ 107
⑧ 63	⑯ 25		

3

p.17

① 33	⑥ 74	⑪ 51	⑯ 65
② 41	⑦ 76	⑫ 41	⑰ 103
③ 40	⑧ 85	⑬ 73	⑱ 84
④ 53	⑨ 92	⑭ 32	⑲ 23
⑤ 63	⑩ 101	⑮ 71	⑳ 97

4

p.18

① 56	⑨ 104	⑰ 87	㉔ 23
② 82	⑩ 100	⑱ 102	㉕ 70
③ 52	⑪ 68	⑲ 45	㉖ 105
④ 31	⑫ 24	⑳ 51	㉗ 30
⑤ 60	⑬ 43	㉑ 82	㉘ 31
⑥ 82	⑭ 73	㉒ 74	㉙ 63
⑦ 31	⑮ 91	㉓ 62	㉚ 76
⑧ 84	⑯ 31		

5

p.19

① 33	⑥ 57	⑪ 62	⑯ 78
② 81	⑦ 84	⑫ 90	⑰ 91
③ 104	⑧ 105	⑬ 51	⑱ 60
④ 82	⑨ 34	⑭ 45	⑲ 101
⑤ 72	⑩ 54	⑮ 106	⑳ 73

6

p.20

① 62	⑨ 92	⑰ 84	㉔ 36
② 35	⑩ 85	⑱ 42	㉕ 95
③ 60	⑪ 74	⑲ 93	㉖ 103
④ 103	⑫ 37	⑳ 61	㉗ 72
⑤ 23	⑬ 72	㉑ 41	㉘ 46
⑥ 43	⑭ 51	㉒ 80	㉙ 51
⑦ 106	⑮ 92	㉓ 104	㉚ 27
⑧ 80	⑯ 40		

7

p.21

① 45	⑥ 55	⑪ 61	⑯ 63
② 72	⑦ 81	⑫ 92	⑰ 93
③ 100	⑧ 104	⑬ 62	⑱ 74
④ 80	⑨ 103	⑭ 41	⑲ 52
⑤ 31	⑩ 86	⑮ 77	⑳ 102

8

p.22

① 31	⑨ 101	⑰ 65	㉔ 63
② 71	⑩ 65	⑱ 43	㉕ 24
③ 80	⑪ 84	⑲ 41	㉖ 87
④ 33	⑫ 93	⑳ 72	㉗ 103
⑤ 52	⑬ 98	㉑ 100	㉘ 21
⑥ 70	⑭ 44	㉒ 66	㉙ 32
⑦ 72	⑮ 104	㉓ 72	㉚ 36
⑧ 82	⑯ 50		

받아내림이 있는 (두 자리 수)-(한 자리 수)

1

p.24

① 16	⑥ 29	⑪ 42	⑯ 55
② 18	⑦ 34	⑫ 46	⑰ 65
③ 18	⑧ 39	⑬ 47	⑱ 75
④ 26	⑨ 35	⑭ 58	⑲ 87
⑤ 28	⑩ 37	⑮ 58	⑳ 89

2

p.25

① 16	⑨ 86	⑰ 84	㉔ 38
② 47	⑩ 19	⑱ 27	㉕ 58
③ 73	⑪ 58	⑲ 46	㉖ 19
④ 57	⑫ 69	⑳ 64	㉗ 77
⑤ 28	⑬ 46	㉑ 25	㉘ 35
⑥ 73	⑭ 17	㉒ 69	㉙ 19
⑦ 62	⑮ 73	㉓ 48	㉚ 89
⑧ 38	⑯ 25		

3

p.26

① 14	⑥ 34	⑪ 51	⑯ 65
② 22	⑦ 38	⑫ 53	⑰ 75
③ 26	⑧ 47	⑬ 59	⑱ 79
④ 26	⑨ 46	⑭ 58	⑲ 86
⑤ 28	⑩ 47	⑮ 67	⑳ 89

4

p.27

① 17	⑨ 89	⑰ 38	㉔ 26
② 49	⑩ 12	⑱ 53	㉕ 64
③ 23	⑪ 39	⑲ 24	㉖ 36
④ 59	⑫ 78	⑳ 77	㉗ 59
⑤ 45	⑬ 47	㉑ 57	㉘ 53
⑥ 65	⑭ 34	㉒ 36	㉙ 44
⑦ 26	⑮ 17	㉓ 68	㉚ 88
⑧ 61	⑯ 49		

5

p.28

① 25	⑥ 25	⑪ 32	⑯ 36
② 38	⑦ 48	⑫ 48	⑰ 49
③ 54	⑧ 57	⑬ 56	⑱ 67
④ 68	⑨ 69	⑭ 78	⑲ 79
⑤ 76	⑩ 84	⑮ 87	⑳ 88

6

p.29

① 12	⑨ 37	⑰ 67	㉔ 58
② 14	⑩ 68	⑱ 55	㉕ 32
③ 23	⑪ 78	⑲ 48	㉖ 67
④ 29	⑫ 48	⑳ 79	㉗ 23
⑤ 79	⑬ 79	㉑ 82	㉘ 89
⑥ 87	⑭ 34	㉒ 56	㉙ 74
⑦ 69	⑮ 59	㉓ 77	㉚ 46
⑧ 88	⑯ 76		

7

p.30

① 24	⑥ 27	⑪ 28	⑯ 38
② 39	⑦ 44	⑫ 45	⑰ 45
③ 56	⑧ 56	⑬ 58	⑱ 59
④ 66	⑨ 63	⑭ 67	⑲ 69
⑤ 71	⑩ 79	⑮ 87	⑳ 88

8

p.31

① 88	⑨ 18	⑰ 31	㉔ 76
② 49	⑩ 13	⑱ 83	㉕ 42
③ 37	⑪ 65	⑲ 87	㉖ 27
④ 64	⑫ 86	⑳ 29	㉗ 68
⑤ 79	⑬ 54	㉑ 46	㉘ 59
⑥ 38	⑭ 19	㉒ 85	㉙ 72
⑦ 85	⑮ 65	㉓ 69	㉚ 56
⑧ 63	⑯ 28		

받아올림이 한 번 있는 (두 자리 수)+(두 자리 수)

1

p.33

① 32	⑥ 72	⑪ 117	⑯ 136
② 44	⑦ 71	⑫ 115	⑰ 159
③ 83	⑧ 67	⑬ 104	⑱ 144
④ 61	⑨ 80	⑭ 128	⑲ 127
⑤ 43	⑩ 75	⑮ 115	⑳ 107

2

p.34

① 148	⑨ 36	⑰ 148	㉔ 97
② 156	⑩ 137	⑱ 93	㉕ 118
③ 90	⑪ 84	⑲ 134	㉖ 116
④ 93	⑫ 109	⑳ 139	㉗ 173
⑤ 65	⑬ 82	㉑ 127	㉘ 74
⑥ 71	⑭ 42	㉒ 117	㉙ 83
⑦ 128	⑮ 51	㉓ 129	㉚ 71
⑧ 70	⑯ 106		

3

p.35

① 43	⑥ 64	⑪ 107	⑯ 153
② 32	⑦ 53	⑫ 116	⑰ 113
③ 67	⑧ 80	⑬ 129	⑱ 116
④ 52	⑨ 75	⑭ 118	⑲ 138
⑤ 81	⑩ 91	⑮ 138	⑳ 165

4

p.36

① 168	⑨ 127	⑰ 118	㉔ 63
② 93	⑩ 136	⑱ 119	㉕ 118
③ 74	⑪ 94	⑲ 56	㉖ 45
④ 82	⑫ 82	⑳ 149	㉗ 129
⑤ 78	⑬ 85	㉑ 148	㉘ 167
⑥ 126	⑭ 72	㉒ 80	㉙ 60
⑦ 91	⑮ 61	㉓ 132	㉚ 107
⑧ 154	⑯ 144		

5

p.37

① 64	⑥ 73	⑪ 70	⑯ 53
② 41	⑦ 92	⑫ 87	⑰ 82
③ 82	⑧ 95	⑬ 119	⑱ 138
④ 115	⑨ 106	⑭ 145	⑲ 128
⑤ 157	⑩ 126	⑮ 177	⑳ 147

6

p.38

① 50	⑨ 127	⑰ 186	㉔ 96
② 53	⑩ 118	⑱ 93	㉕ 119
③ 62	⑪ 108	⑲ 127	㉖ 90
④ 125	⑫ 87	⑳ 126	㉗ 158
⑤ 45	⑬ 66	㉑ 91	㉘ 81
⑥ 82	⑭ 147	㉒ 143	㉙ 75
⑦ 168	⑮ 34	㉓ 149	㉚ 127
⑧ 93	⑯ 105		

7

p.39

① 81	⑥ 77	⑪ 63	⑯ 95
② 84	⑦ 91	⑫ 72	⑰ 73
③ 82	⑧ 90	⑬ 105	⑱ 138
④ 138	⑨ 129	⑭ 157	⑲ 129
⑤ 115	⑩ 179	⑮ 147	⑳ 168

8

p.40

① 119	⑨ 149	⑰ 127	㉔ 77
② 62	⑩ 128	⑱ 80	㉕ 84
③ 118	⑪ 61	⑲ 133	㉖ 138
④ 167	⑫ 82	⑳ 75	㉗ 93
⑤ 91	⑬ 184	㉑ 117	㉘ 176
⑥ 90	⑭ 73	㉒ 71	㉙ 125
⑦ 83	⑮ 158	㉓ 149	㉚ 82
⑧ 96	⑯ 108		

받아올림이 두 번 있는 (두 자리 수)+(두 자리 수)

1

p.42

① 102	⑥ 140	⑪ 155	⑯ 161
② 111	⑦ 116	⑫ 144	⑰ 184
③ 135	⑧ 137	⑬ 102	⑱ 123
④ 122	⑨ 101	⑭ 153	⑲ 171
⑤ 110	⑩ 163	⑮ 124	⑳ 130

2

p.43

① 113	⑨ 113	⑰ 151	㉔ 112
② 103	⑩ 171	⑱ 182	㉕ 160
③ 133	⑪ 154	⑲ 120	㉖ 112
④ 142	⑫ 105	⑳ 134	㉗ 144
⑤ 121	⑬ 134	㉑ 140	㉘ 131
⑥ 113	⑭ 121	㉒ 148	㉙ 137
⑦ 162	⑮ 100	㉓ 106	㉚ 156
⑧ 110	⑯ 125		

3

p.44

① 104	⑥ 120	⑪ 101	⑯ 125
② 122	⑦ 153	⑫ 161	⑰ 176
③ 134	⑧ 142	⑬ 110	⑱ 181
④ 133	⑨ 105	⑭ 148	⑲ 144
⑤ 113	⑩ 137	⑮ 140	⑳ 112

4

p.45

① 124	⑨ 115	⑰ 141	㉔ 174
② 112	⑩ 143	⑱ 124	㉕ 151
③ 185	⑪ 135	⑲ 136	㉖ 132
④ 111	⑫ 140	⑳ 120	㉗ 103
⑤ 152	⑬ 102	㉑ 100	㉘ 141
⑥ 121	⑭ 137	㉒ 110	㉙ 104
⑦ 106	⑮ 153	㉓ 162	㉚ 123
⑧ 160	⑯ 112		

5

p.46

① 101	⑥ 124	⑪ 117	⑯ 120
② 140	⑦ 102	⑫ 163	⑰ 151
③ 130	⑧ 104	⑬ 114	⑱ 126
④ 143	⑨ 132	⑭ 172	⑲ 166
⑤ 152	⑩ 185	⑮ 111	⑳ 138

6

p.47

① 102	⑨ 125	⑰ 141	㉔ 138
② 171	⑩ 142	⑱ 146	㉕ 114
③ 125	⑪ 114	⑲ 164	㉖ 102
④ 120	⑫ 133	⑳ 140	㉗ 171
⑤ 101	⑬ 123	㉑ 101	㉘ 113
⑥ 122	⑭ 136	㉒ 180	㉙ 166
⑦ 140	⑮ 150	㉓ 123	㉚ 154
⑧ 112	⑯ 115		

7

p.48

① 121	⑥ 108	⑪ 120	⑯ 127
② 135	⑦ 153	⑫ 113	⑰ 146
③ 150	⑧ 161	⑬ 100	⑱ 132
④ 102	⑨ 144	⑭ 181	⑲ 193
⑤ 125	⑩ 146	⑮ 172	⑳ 134

8

p.49

① 100	⑨ 113	⑰ 162	㉔ 121
② 180	⑩ 151	⑱ 133	㉕ 127
③ 104	⑪ 158	⑲ 160	㉖ 190
④ 122	⑫ 103	⑳ 123	㉗ 111
⑤ 168	⑬ 101	㉑ 140	㉘ 114
⑥ 102	⑭ 142	㉒ 175	㉙ 144
⑦ 155	⑮ 131	㉓ 112	㉚ 131
⑧ 121	⑯ 172		

실력 체크

중간 점검 1-4

1-A

p.52

① 84 ⑥ 70 ⑪ 52 ⑯ 73
② 55 ⑦ 95 ⑫ 71 ⑰ 61
③ 32 ⑧ 51 ⑬ 45 ⑱ 32
④ 24 ⑨ 62 ⑭ 65 ⑲ 92
⑤ 42 ⑩ 106 ⑮ 101 ⑳ 80

1-B

p.53

① 65 ⑦ 103 ⑫ 81 ⑰ 58
② 31 ⑧ 104 ⑬ 32 ⑱ 41
③ 53 ⑨ 30 ⑭ 103 ⑲ 44
④ 60 ⑩ 92 ⑮ 71 ⑳ 75
⑤ 74 ⑪ 21 ⑯ 60 ㉑ 76
⑥ 57

2-A

p.54

① 74 ⑥ 55 ⑪ 29 ⑯ 36
② 19 ⑦ 78 ⑫ 88 ⑰ 76
③ 18 ⑧ 59 ⑬ 66 ⑱ 37
④ 45 ⑨ 77 ⑭ 17 ⑲ 89
⑤ 27 ⑩ 62 ⑮ 54 ⑳ 78

2-B

p.55

① 17 ⑦ 85 ⑫ 38 ⑰ 67
② 78 ⑧ 39 ⑬ 89 ⑱ 19
③ 26 ⑨ 83 ⑭ 68 ⑲ 21
④ 75 ⑩ 39 ⑮ 24 ⑳ 68
⑤ 38 ⑪ 35 ⑯ 75 ㉑ 47
⑥ 44

3-A

p.56

① 73	⑥ 61	⑪ 119	⑯ 177
② 86	⑦ 92	⑫ 134	⑰ 158
③ 91	⑧ 54	⑬ 129	⑱ 127
④ 85	⑨ 95	⑭ 108	⑲ 145
⑤ 60	⑩ 58	⑮ 146	⑳ 118

3-B

p.57

① 91	⑦ 41	⑫ 159	⑰ 92
② 60	⑧ 105	⑬ 72	⑱ 118
③ 139	⑨ 73	⑭ 118	⑲ 126
④ 179	⑩ 84	⑮ 37	⑳ 94
⑤ 81	⑪ 95	⑯ 126	㉑ 147
⑥ 55			

4-A

p.58

① 141	⑥ 132	⑪ 114	⑯ 122
② 133	⑦ 126	⑫ 170	⑰ 103
③ 151	⑧ 164	⑬ 102	⑱ 150
④ 134	⑨ 116	⑭ 111	⑲ 187
⑤ 105	⑩ 140	⑮ 123	⑳ 175

4-B

p.59

① 132	⑦ 187	⑫ 140	⑰ 161
② 107	⑧ 142	⑬ 104	⑱ 101
③ 133	⑨ 152	⑭ 142	⑲ 128
④ 105	⑩ 176	⑮ 140	⑳ 153
⑤ 114	⑪ 133	⑯ 110	㉑ 154
⑥ 111			

받아내림이 있는 (두 자리 수)-(두 자리 수)

1

p.61

① 7　⑥ 29　⑪ 37　⑯ 68
② 17　⑦ 48　⑫ 19　⑰ 58
③ 15　⑧ 8　⑬ 38　⑱ 21
④ 39　⑨ 28　⑭ 6　⑲ 45
⑤ 14　⑩ 45　⑮ 26　⑳ 55

2

p.62

① 5　⑨ 19　⑰ 22　㉔ 48
② 59　⑩ 67　⑱ 74　㉕ 44
③ 25　⑪ 26　⑲ 56　㉖ 59
④ 17　⑫ 7　⑳ 29　㉗ 18
⑤ 27　⑬ 9　㉑ 39　㉘ 66
⑥ 5　⑭ 18　㉒ 36　㉙ 3
⑦ 42　⑮ 39　㉓ 6　㉚ 49
⑧ 57　⑯ 38

3

p.63

① 9　⑥ 24　⑪ 14　⑯ 37
② 13　⑦ 47　⑫ 36　⑰ 53
③ 28　⑧ 39　⑬ 15　⑱ 79
④ 23　⑨ 4　⑭ 55　⑲ 46
⑤ 8　⑩ 58　⑮ 47　⑳ 19

4

p.64

① 7　⑨ 7　⑰ 34　㉔ 58
② 32　⑩ 56　⑱ 27　㉕ 16
③ 19　⑪ 5　⑲ 45　㉖ 23
④ 15　⑫ 8　⑳ 48　㉗ 18
⑤ 6　⑬ 59　㉑ 37　㉘ 25
⑥ 19　⑭ 73　㉒ 33　㉙ 48
⑦ 68　⑮ 4　㉓ 29　㉚ 19
⑧ 66　⑯ 49

5

p.65

① 15　⑥ 18　⑪ 9　⑯ 26
② 26　⑦ 8　⑫ 27　⑰ 14
③ 55　⑧ 39　⑬ 46　⑱ 34
④ 33　⑨ 18　⑭ 68　⑲ 29
⑤ 35　⑩ 48　⑮ 16　⑳ 59

6

p.66

① 8　⑨ 16　⑰ 56　㉔ 19
② 59　⑩ 18　⑱ 9　㉕ 15
③ 37　⑪ 64　⑲ 23　㉖ 23
④ 5　⑫ 49　⑳ 28　㉗ 25
⑤ 12　⑬ 33　㉑ 14　㉘ 37
⑥ 79　⑭ 8　㉒ 5　㉙ 8
⑦ 9　⑮ 48　㉓ 26　㉚ 36
⑧ 38　⑯ 11

7

p.67

① 8　⑥ 28　⑪ 22　⑯ 18
② 12　⑦ 39　⑫ 37　⑰ 56
③ 9　⑧ 27　⑬ 29　⑱ 54
④ 17　⑨ 6　⑭ 49　⑲ 75
⑤ 64　⑩ 18　⑮ 8　⑳ 36

8

p.68

① 8　⑨ 17　⑰ 68　㉔ 49
② 45　⑩ 31　⑱ 13　㉕ 24
③ 27　⑪ 58　⑲ 6　㉖ 7
④ 36　⑫ 39　⑳ 9　㉗ 4
⑤ 28　⑬ 32　㉑ 18　㉘ 67
⑥ 77　⑭ 59　㉒ 56　㉙ 28
⑦ 39　⑮ 19　㉓ 47　㉚ 19
⑧ 43　⑯ 15

(두 자리 수)±(두 자리 수)

1

p.70

① 68	⑦ 92	⑬ 8	⑲ 26
② 55	⑧ 99	⑭ 15	⑳ 34
③ 70	⑨ 147	⑮ 17	㉑ 26
④ 92	⑩ 135	⑯ 32	㉒ 43
⑤ 55	⑪ 144	⑰ 28	㉓ 34
⑥ 118	⑫ 134	⑱ 35	㉔ 84

2

p.71

① 52	⑨ 28	⑰ 26	㉔ 32
② 81	⑩ 5	⑱ 73	㉕ 26
③ 78	⑪ 12	⑲ 16	㉖ 117
④ 48	⑫ 64	⑳ 33	㉗ 49
⑤ 148	⑬ 47	㉑ 77	㉘ 43
⑥ 130	⑭ 99	㉒ 127	㉙ 101
⑦ 70	⑮ 47	㉓ 104	㉚ 41
⑧ 17	⑯ 16		

3

p.72

① 59	⑦ 78	⑬ 11	⑲ 44
② 65	⑧ 140	⑭ 23	⑳ 27
③ 57	⑨ 127	⑮ 8	㉑ 47
④ 83	⑩ 101	⑯ 13	㉒ 54
⑤ 65	⑪ 129	⑰ 27	㉓ 49
⑥ 80	⑫ 127	⑱ 22	㉔ 45

4

p.73

① 61	⑨ 43	⑰ 31	㉔ 77
② 79	⑩ 9	⑱ 105	㉕ 130
③ 13	⑪ 29	⑲ 15	㉖ 18
④ 49	⑫ 92	⑳ 151	㉗ 112
⑤ 139	⑬ 24	㉑ 86	㉘ 23
⑥ 34	⑭ 92	㉒ 29	㉙ 74
⑦ 77	⑮ 13	㉓ 82	㉚ 22
⑧ 25	⑯ 135		

5

p.74

① 87	⑦ 91	⑬ 90	⑲ 59
② 76	⑧ 65	⑭ 123	⑳ 98
③ 148	⑨ 110	⑮ 115	㉑ 156
④ 15	⑩ 23	⑯ 29	㉒ 12
⑤ 22	⑪ 26	⑰ 40	㉓ 14
⑥ 28	⑫ 71	⑱ 45	㉔ 58

6

p.75

① 29	⑨ 77	⑰ 109	㉔ 138
② 151	⑩ 82	⑱ 9	㉕ 33
③ 130	⑪ 131	⑲ 55	㉖ 78
④ 97	⑫ 16	⑳ 47	㉗ 26
⑤ 37	⑬ 144	㉑ 70	㉘ 24
⑥ 33	⑭ 18	㉒ 86	㉙ 30
⑦ 43	⑮ 104	㉓ 42	㉚ 89
⑧ 34	⑯ 67		

7

p.76

① 58	⑦ 80	⑬ 98	⑲ 71
② 67	⑧ 119	⑭ 100	⑳ 85
③ 97	⑨ 169	⑮ 136	㉑ 176
④ 34	⑩ 23	⑯ 40	㉒ 9
⑤ 28	⑪ 18	⑰ 51	㉓ 38
⑥ 45	⑫ 23	⑱ 27	㉔ 14

8

p.77

① 37	⑨ 24	⑰ 87	㉔ 83
② 134	⑩ 72	⑱ 72	㉕ 21
③ 25	⑪ 170	⑲ 159	㉖ 79
④ 88	⑫ 28	⑳ 19	㉗ 25
⑤ 54	⑬ 134	㉑ 25	㉘ 70
⑥ 107	⑭ 8	㉒ 96	㉙ 33
⑦ 10	⑮ 137	㉓ 26	㉚ 97
⑧ 77	⑯ 32		

(세 자리 수)±(두 자리 수)

1
p.79

① 175	⑥ 393	⑪ 522
② 180	⑦ 445	⑫ 504
③ 209	⑧ 416	⑬ 937
④ 345	⑨ 378	⑭ 1032
⑤ 312	⑩ 477	⑮ 1059

2
p.80

① 780	⑥ 473	⑪ 603
② 397	⑦ 1029	⑫ 448
③ 577	⑧ 142	⑬ 828
④ 902	⑨ 555	⑭ 755
⑤ 1014	⑩ 138	⑮ 525

3
p.81

① 101	⑥ 315	⑪ 479
② 94	⑦ 387	⑫ 646
③ 218	⑧ 363	⑬ 643
④ 245	⑨ 420	⑭ 662
⑤ 261	⑩ 455	⑮ 858

4
p.82

① 763	⑥ 423	⑪ 726
② 519	⑦ 513	⑫ 74
③ 252	⑧ 44	⑬ 818
④ 344	⑨ 673	⑭ 321
⑤ 228	⑩ 476	⑮ 918

5
p.83

① 180	⑥ 188	⑪ 352
② 289	⑦ 402	⑫ 457
③ 473	⑧ 509	⑬ 600
④ 591	⑨ 834	⑭ 876
⑤ 939	⑩ 1007	⑮ 1035

6
p.84

① 638	⑥ 387	⑪ 505
② 192	⑦ 579	⑫ 814
③ 1035	⑧ 674	⑬ 189
④ 270	⑨ 466	⑭ 800
⑤ 907	⑩ 1046	⑮ 720

7
p.85

① 76	⑥ 99	⑪ 178
② 210	⑦ 309	⑫ 265
③ 364	⑧ 537	⑬ 488
④ 573	⑨ 608	⑭ 771
⑤ 752	⑩ 746	⑮ 946

8
p.86

① 525	⑥ 73	⑪ 717
② 127	⑦ 212	⑫ 646
③ 773	⑧ 835	⑬ 803
④ 169	⑨ 825	⑭ 582
⑤ 235	⑩ 456	⑮ 446

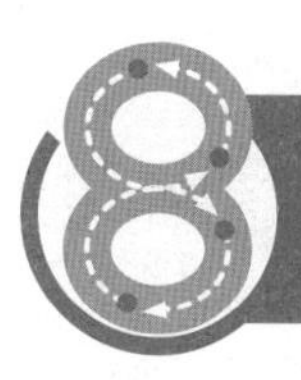

두 자리 수인 세 수의 덧셈과 뺄셈

1 p.88

① 68 ② 117 ③ 128 ④ 96 ⑤ 101
⑥ 89 ⑦ 98 ⑧ 94 ⑨ 163 ⑩ 135

2 p.89

① 138 ② 113 ③ 101 ④ 91 ⑤ 155 ⑥ 102 ⑦ 74
⑧ 115 ⑨ 96 ⑩ 129 ⑪ 67 ⑫ 88 ⑬ 124 ⑭ 106
⑮ 84 ⑯ 119 ⑰ 93 ⑱ 97 ⑲ 170 ⑳ 83

3 p.90

① 17 ② 19 ③ 16 ④ 4 ⑤ 27
⑥ 23 ⑦ 12 ⑧ 28 ⑨ 33 ⑩ 21

4 p.91

① 9 ② 13 ③ 7 ④ 12 ⑤ 18 ⑥ 33 ⑦ 20
⑧ 29 ⑨ 15 ⑩ 27 ⑪ 27 ⑫ 18 ⑬ 19 ⑭ 42
⑮ 8 ⑯ 36 ⑰ 11 ⑱ 22 ⑲ 28 ⑳ 29

5 p.92

① 48 ② 52 ③ 23 ④ 34 ⑤ 28
⑥ 55 ⑦ 59 ⑧ 46 ⑨ 39 ⑩ 60

6 p.93

① 39 ② 42 ③ 27 ④ 15 ⑤ 48 ⑥ 21 ⑦ 57
⑧ 72 ⑨ 38 ⑩ 56 ⑪ 64 ⑫ 47 ⑬ 25 ⑭ 31
⑮ 36 ⑯ 33 ⑰ 46 ⑱ 35 ⑲ 54 ⑳ 29

7 p.94

① 81 ② 59 ③ 106 ④ 67 ⑤ 29
⑥ 114 ⑦ 91 ⑧ 132 ⑨ 128 ⑩ 89

8 p.95

① 81 ② 69 ③ 45 ④ 119 ⑤ 105 ⑥ 126 ⑦ 63
⑧ 68 ⑨ 47 ⑩ 120 ⑪ 131 ⑫ 37 ⑬ 106 ⑭ 71
⑮ 88 ⑯ 110 ⑰ 71 ⑱ 74 ⑲ 66 ⑳ 104

실력 체크 최종 점검 5-8

5-A

p.98

① 9 ⑥ 39 ⑪ 76 ⑯ 22
② 37 ⑦ 4 ⑫ 49 ⑰ 38
③ 35 ⑧ 6 ⑬ 24 ⑱ 45
④ 18 ⑨ 24 ⑭ 27 ⑲ 19
⑤ 15 ⑩ 58 ⑮ 14 ⑳ 68

5-B

p.99

① 48 ⑦ 6 ⑫ 7 ⑰ 21
② 24 ⑧ 15 ⑬ 48 ⑱ 37
③ 7 ⑨ 26 ⑭ 53 ⑲ 69
④ 38 ⑩ 15 ⑮ 38 ⑳ 9
⑤ 25 ⑪ 73 ⑯ 6 ㉑ 16
⑥ 17

6-A

p.100

① 84 ⑦ 65 ⑬ 9 ⑲ 36
② 89 ⑧ 90 ⑭ 41 ⑳ 28
③ 93 ⑨ 78 ⑮ 21 ㉑ 40
④ 136 ⑩ 149 ⑯ 45 ㉒ 6
⑤ 174 ⑪ 110 ⑰ 54 ㉓ 18
⑥ 115 ⑫ 76 ⑱ 12 ㉔ 27

6-B

p.101

① 89 ⑦ 88 ⑫ 15 ⑰ 80
② 45 ⑧ 63 ⑬ 127 ⑱ 8
③ 74 ⑨ 84 ⑭ 35 ⑲ 87
④ 22 ⑩ 70 ⑮ 174 ⑳ 36
⑤ 159 ⑪ 126 ⑯ 89 ㉑ 152
⑥ 39

7-A

p.102

① 792
② 188
③ 737
④ 79
⑤ 1046
⑥ 453
⑦ 658
⑧ 435
⑨ 1055
⑩ 356
⑪ 274
⑫ 487
⑬ 242
⑭ 137
⑮ 506

7-B

p.103

① 812
② 135
③ 1006
④ 513
⑤ 1024
⑥ 184
⑦ 359
⑧ 338
⑨ 203
⑩ 277
⑪ 435
⑫ 140

8-A

p.104

① 139
② 32
③ 54
④ 31
⑤ 142
⑥ 35
⑦ 47
⑧ 118
⑨ 114
⑩ 9

8-B

p.105

① 115
② 31
③ 104
④ 28
⑤ 130
⑥ 54
⑦ 42
⑧ 56
⑨ 22
⑩ 91
⑪ 62
⑫ 23
⑬ 68
⑭ 87

Memo

Memo

Memo

동영상 강의 +
문제풀이 과정

기초수학 초등 4학년

7권	자연수의 곱셈과 나눗셈 고급	8권	분수와 소수의 덧셈과 뺄셈 초급
1	(몇백)×(몇십)	1	분모가 같은 (진분수)±(진분수)
2	(몇백)×(몇십몇)	2	합이 가분수가 되는 (진분수)+(진분수) / (자연수)−(진분수)
3	(세 자리 수)×(두 자리 수)	3	분모가 같은 (대분수)+(대분수)
4	나누어떨어지는 (두 자리 수)÷(두 자리 수)	4	분모가 같은 (대분수)−(대분수)
5	나누어떨어지지 않는 (두 자리 수)÷(두 자리 수)	5	자릿수가 같은 (소수)+(소수)
6	몫이 한 자리 수인 (세 자리 수)÷(두 자리 수)	6	자릿수가 다른 (소수)+(소수)
7	몫이 두 자리 수인 (세 자리 수)÷(두 자리 수)	7	자릿수가 같은 (소수)−(소수)
8	세 자리 수 나눗셈 종합	8	자릿수가 다른 (소수)−(소수)

기초수학 초등 5학년

9권	자연수의 혼합 계산 / 약수와 배수 / 분수의 덧셈과 뺄셈 중급	10권	분수와 소수의 곱셈
1	자연수의 혼합 계산 ①	1	(분수)×(자연수), (자연수)×(분수)
2	자연수의 혼합 계산 ②	2	진분수와 가분수의 곱셈
3	공약수와 최대공약수	3	대분수가 있는 분수의 곱셈
4	공배수와 최소공배수	4	세 분수의 곱셈
5	약분	5	두 분수와 자연수의 곱셈
6	통분	6	분수를 소수로, 소수를 분수로 나타내기
7	분모가 다른 (진분수)±(진분수)	7	(소수)×(자연수), (자연수)×(소수)
8	분모가 다른 (대분수)±(대분수)	8	(소수)×(소수)

기초수학 초등 6학년

11권	분수와 소수의 나눗셈 (1) / 비와 비율	12권	분수와 소수의 나눗셈 (2) / 비례식
1	(자연수)÷(자연수), (진분수)÷(자연수)	1	분모가 다른 (진분수)÷(진분수)
2	(가분수)÷(자연수), (대분수)÷(자연수)	2	분모가 다른 (대분수)÷(대분수), (대분수)÷(진분수)
3	(자연수)÷(분수)	3	자릿수가 같은 (소수)÷(소수)
4	분모가 같은 (진분수)÷(진분수)	4	자릿수가 다른 (소수)÷(소수)
5	분모가 같은 (대분수)÷(대분수)	5	가장 간단한 자연수의 비로 나타내기 ①
6	나누어떨어지는 (소수)÷(자연수)	6	가장 간단한 자연수의 비로 나타내기 ②
7	나누어떨어지지 않는 (소수)÷(자연수)	7	비례식
8	비와 비율	8	비례배분

초등필수 영단어 시리즈

1 단어와 이미지가 함께 머릿속에!

2 패턴 연습으로 문장까지 쏙쏙 암기

3 다양한 게임으로 공부와 재미를 한 번에

4 단어 고르기와 빈칸 채우기로 복습!

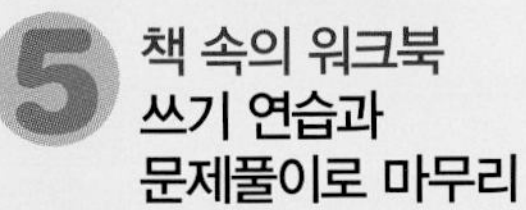

5 책 속의 워크북 쓰기 연습과 문제풀이로 마무리

초등필수 영단어 시리즈 1~2학년 | 3~4학년 | 5~6학년 초등교재개발연구소 지음 | 192쪽 | 각 11,000원

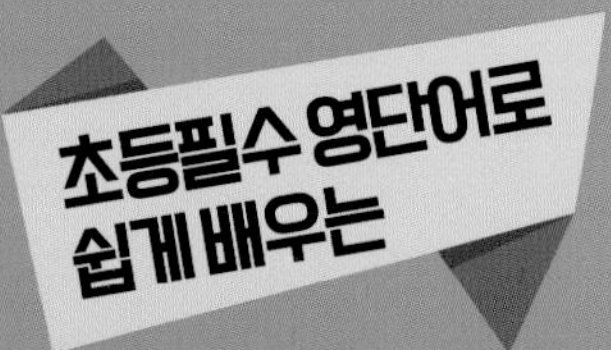

초등필수 영문법+쓰기

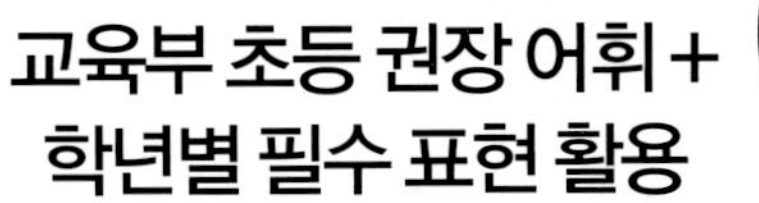

교육부 초등 권장 어휘 +
학년별 필수 표현 활용

★ "창의융합"과정을 반영한 영문법+쓰기
★ 초등필수 영단어를 활용한 어휘탄탄
★ 핵심 문법의 기본을 탄탄하게 잡아주는 기초탄탄+기본탄
★ 기초 영문법을 통해 문장을 배워가는 실력탄탄+영작탄탄
★ 창의적 활동으로 응용력을 키워주는 응용탄탄
(퍼즐, 미로 찾기, 도형 맞추기, 그림 보고 어휘 추측하기 등)

초등필수 영문법 + 쓰기 시리즈 1권 넥서스영어교육연구소 지음 | 236쪽 | 12,000원 2권 넥서스영어교육연구소 지음 | 212쪽 | 12,000원